专利开放许可

运营实践 与 探索

王汝银　赖李宁　刘树青◎著

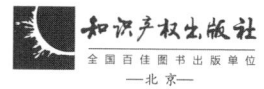

知识产权出版社
全国百佳图书出版单位
—北京—

图书在版编目（CIP）数据

专利开放许可运营实践与探索/王汝银，赖李宁，刘树青著. —北京：知识产权出版社，2021.9

ISBN 978 - 7 - 5130 - 7672 - 2

Ⅰ. ①专… Ⅱ. ①王… ②赖… ③刘… Ⅲ. ①专利—运营管理—研究②专利权法—研究—中国 Ⅳ. ①G306.3②D923.424

中国版本图书馆 CIP 数据核字（2021）第 168012 号

内容提要

本书主要介绍了专利开放许可的法律基础、运营模式、影响因素、可能出现的问题及对策，从运营实践的角度进一步阐述专利开放许可在我国的适用性，并利用系统思维和探索性研究方法，提出"共享专利"和"共享研发"的技术创新和实施运营模式，可以进一步丰富开放许可的运营实践。

责任编辑：王瑞璞		**责任校对**：谷　洋	
执行编辑：崔思琪		**责任印制**：刘译文	

专利开放许可运营实践与探索

王汝银　　赖李宁　刘树青　著

出版发行：知识产权出版社 有限责任公司	**网　　址**：http://www.ipph.cn
社　　址：北京市海淀区气象路 50 号院	**邮　　编**：100081
责编电话：010 - 82000860 转 8116	**责编邮箱**：wangruipu@cnipr.com
发行电话：010 - 82000860 转 8101/8102	**发行传真**：010 - 82000893/82005070/82000270
印　　刷：天津嘉恒印务有限公司	**经　　销**：各大网上书店、新华书店及相关专业书店
开　　本：720mm×1000mm　1/16	**印　　张**：11.25
版　　次：2021 年 9 月第 1 版	**印　　次**：2021 年 9 月第 1 次印刷
字　　数：200 千字	**定　　价**：68.00 元

ISBN 978 - 7 - 5130 - 7672 - 2

作者简介

　　王汝银　山东成武人，工学学士，副高级工程师，专利代理师、诉讼代理人；1989年毕业于山东工业大学，1997年获得专利代理师执业证书（证号3710504357.3）。曾任职于中国轻骑集团有限公司标准化处、研究设计院和知识产权部，获得山东省科技情报科学技术奖（一等奖），承担国家知识产权局重大专项课题"发挥专利代理机构作用，提升专利申请质量研究"；现为济南诚智商标专利事务所有限公司执行董事、济南市创新促进会名誉会长、济南市新旧动能转换重大工程首批专家、山东省专利代理师协会副会长、山东省知识产权保护首批专家、中华全国代理师协会常务理事，目前主要从事知识产权战略咨询、知识产权运营和企业转型升级工作。

　　赖李宁　江西赣州人，工程硕士，山东省软科学研究会理事；2007年毕业于山东理工大学，曾任职于山东省济南市知识产权局专利实施处等处室，副调研员；对知识产权的管理以及应用有丰富的实践经验，参与地方知识产权信息平台的建设；现任职于山东省特种设备检验研究院有限公司。

刘树青 山东烟台人，工学硕士，专利代理师、律师，山东省发明协会理事；2012年本科毕业于青岛大学，2015年获得专利代理师资格证书，2018年毕业于山东大学获得硕士学位，2021年获得律师执业证书。曾任职于华能济南黄台发电有限公司办公室，曾参与省直部门知识产权专项课题；目前主要从事知识产权法律服务、知识产权运营和企业混改、破产、并购等法律工作。

序

　　2020 年 11 月 30 日，习近平总书记在中央政治局第二十五次集体学习时强调，创新是引领发展的第一动力，保护知识产权就是保护创新。知识产权保护工作关系国家治理体系和治理能力现代化，关系高质量发展，关系人民生活幸福，关系国家对外开放大局，关系国家安全。全面建设社会主义现代化国家，必须从国家战略高度和进入新发展阶段要求出发，全面加强知识产权保护工作，促进建设现代化经济体系，激发全社会创新活力，推动构建新发展格局。这种新发展格局，要求并强有力推动我国特别是广大市场主体、创新主体知识产权保护与运用能力和水平的快速提升，为我国高水平创新与高质量发展提供强有力保障和支撑。

　　由于各种因素的制约，我国专利转化率不高的问题一直存在并成为我们知识产权工作的痛点。国家知识产权局战略规划司和知识产权发展研究中心发布的《2020 年中国专利调查报告》显示，2020 年我国有效发明专利产业化率为 34.7%，其中，企业为 44.9%，科研单位为 11.3%，高校为 3.8%。为了打通专利供给侧和需求侧之间交易的"高速通道"，提高专利转化率，现行《专利法》新增开放许可制度，作为一种新的交易模式或许能够唤醒大量"沉睡"的专利。然而，作为一种引进的专利交易制度，其在我国并没有实践经验可循，很多研究还停留在理论层面，运营方面的实践较少。

　　本书作者能够在实践中认识开放许可制度，在实践中应用开放许可制度，在实践中发展开放许可制度，虽然不尽完善，但能够形成一个运行体系，不失为一种有益探索。特别是作者提出的"两扇门"的观点，清晰地表达了新修改的《专利法》关于开放许可的内涵："法律为技术需求者关闭了侵权之门（惩罚性机制），而打开了另外一扇门（专利开放许可）"，读来非常新颖，理解法律非常到位。作者创造性地提出了"专利转化五要素"之中的"爆款专利、无法规避、从严保护"，更是切中专利交易的瓶颈病根。作者还提出了专利开放许可的标准化模型，能够使复杂的专利交易简单化和标准化，这为知识产权的线上高效交易奠定了理论基础，或许有一天专利开放许可交易就像网上购买商品一样容易。还有"拼专利""拼研发""专利金白菜"理论等新观点、新模式让人耳目一新。

实施专利制度的根本目的，是有利于高水平创新和创新技术的高效运用，从而有力支撑创新驱动发展战略和高质量发展。为了促进专利技术的转化运用，2021 年 3 月财政部办公厅、国家知识产权局办公室出台了《关于实施专利转化专项计划助力中小企业创新发展的通知》，专利转化的地位和重要性得到了大大强化。本书的出版为知识产权工作者、科技服务工作者和法律工作者提供了一个很好的参考，不仅有利于深入理解《专利法》规定的开放许可制度的内涵，也为知识产权运营服务者提供了一种运营的新模式，更为传统的知识产权服务机构进行服务升级提供了有益的借鉴。

当前，我国正在从知识产权引进大国向知识产权创造大国转变，知识产权工作正在从追求数量向提高质量转变。不忘初心、牢记使命、勇于担当是我们每一位知识产权工作者的使命和责任。让我们继续解放思想、大胆探索、积极实践，把握新形势、贯彻新理念、构建新格局，努力建设知识产权强国，为我国高质量发展和现代化强国建设贡献力量！

国家知识产权局知识产权发展研究中心主任

韩秀成

2021 年 7 月 1 日

前　言

2020 年 10 月 17 日，中华人民共和国主席令（第五十五号）公布中华人民共和国第十三届全国人民代表大会常务委员会第二十二次会议通过的《关于修改〈中华人民共和国专利法〉的决定》，自 2021 年 6 月 1 日起施行。历时多年的《专利法》修改终于一锤定音，在修订过程中各种建议、观点、猜测都因这次修正案的施行而趋于集中和平静。为简洁起见，该部修正的《专利法》在本书中简称为"新修改的《专利法》"。

新修改的《专利法》的最大特点就是新增了惩罚性赔偿制度。这一制度对于遏制故意侵权行为具有重大意义，可以起到较好的警示作用。令人欣喜的是，新修改的《专利法》在加大惩罚力度关闭"侵权这扇门"的同时，也为技术需求者开启了"另一扇大门"，这就是新引入的专利开放许可制度。作为一种特殊许可方式，开放许可并不是什么新的知识产权制度，在英国、德国、法国等国家已实行多年，成为各主要国家专利运用与实施的方式之一，并一直延续下去。

随着我国经济的发展，科技创新已经从过去的"跟跑""并跑"发展到在某些领域已经开始"领跑"。大众创新、万众创业的巨大动能，一方面积聚了大量创新成果，另一方面也产生了对拥有技术优势和市场优势的专利产品的巨大需求。在专利供给侧方面，虽然数量庞大，但有效供给不足，高质量供给不足；在专利需求侧方面，虽然需求旺盛，但需求结构分化严重，强者愈强，弱者愈弱；供给侧和需求侧之间一直存在专利转化率不高的问题。这成为掣肘中国经济发展的主要障碍之一。

随着国际环境的变化，我国的经济结构和经济地位也发生相应的变化。正如 2021 年 2 月 1 日第 3 期《求是》杂志发表的习近平总书记的文章《全面加强知识产权保护工作 激发创新活力推动构建新发展格局》中所强调的，我国正在从知识产权引进大国向知识产权创造大国转变，知识产权工作正在从追求数量向提高质量转变。在转变过程中必然存在传统发展模式和传统思维的惯性阻力，迫切需要提高专利高质量发展的国民认知，并且打通专利供给侧和需求侧之间交易的"高速通道"，以提高专利转化率。作为特别许可的方式之一，开放许可制度或许可以"中国特色化"，从而解决创新体系中供给侧和需求侧之间技术转化的瓶颈问题，让专利交易更简单，让更多的专利能够"睡醒"得以实施。

然而，开放许可制度在我国并没有经验可循，一切都从零开始。无论是学术界还是实体界，都还停留在理论层面，没有相应的运营实践予以支撑。这对于 2021 年 6 月 1 日开始施行的开放许可制度来讲，显然存在缺失。

本书试图从构建专利开放许可运营体系的视角，利用系统思维和探索性研究方法，撇开在学术界没有定论的概念、法理等理论方面的讨论，致力于开放许可制度的实际应用，探讨开放许可制度的内涵以及运营模式，创造性地提出"专利转化五要素"和"开放许可标准模型"。这既是开放许可体系化建设的努力，也是开放许可运营实践的一种尝试，就像一只"萤火虫"一样，为开放许可制度有效实践作出小小的贡献。

需要说明的是，从《专利法修改草案（征求意见稿）》开始，甚至到现在，关于开放许可的讨论、争议仍一直不断。但开放许可制度的实践总要进行，可以先从最简单的模型做起，先行先试，如同将专利技术视为一件普通的商品，在国务院专利行政部门提供的"超市平台"上兜售，国务院专利行政部门对专利权人提供的"商品"进行初步审查并予以公告，实施人依公告选择自己需要的"专利商品"，向专利权人提交一个书面通知并足额交纳专利使用费即可完成"购买"专利实施许可，交易就这么简单。如果对开放许可声明及专利使用费、支付方式等进行标准化处理，形成开放许可的"标准化模型"，将使得开放许可交易更加简单，这将为复杂的技术交易线上全流程实施奠定基础。至于在开放许可实践过程中出现的问题，在后续实践中将逐个解决。这也是笔者近两年从事开放许可实践探索的初衷，以开放许可的理论为指导但不拘泥于理论，一切从实践出发，大胆探索开放许可及其衍生品的运营模式，以便让更多的专利能够得到转化实施，服务于强国强企。

最后，承蒙读者厚爱，理解和包容书中一些有争议的观点甚至错误，笔者不胜感激。让我们共同努力，拉开中国专利开放许可实践的序幕。

目　　录

第一章　专利开放许可概述 ……………………………………… 1

第一节　开放许可的定义 ………………………………………… 2

一、狭义的开放许可 …………………………………………… 2

二、广义的开放许可 …………………………………………… 4

第二节　开放许可的特点 ………………………………………… 7

一、法定性 ……………………………………………………… 7

二、主动性 ……………………………………………………… 7

三、自愿性 ……………………………………………………… 7

四、单向性 ……………………………………………………… 8

五、普通性 ……………………………………………………… 8

六、明示性 ……………………………………………………… 9

七、低成本性 …………………………………………………… 9

八、高效性 ……………………………………………………… 9

第三节　我国实行开放许可的必要性 …………………………… 10

一、我国专利发展的主要节点 ………………………………… 10

二、科技成果转化率低的深度分析 …………………………… 12

三、开放许可顺势而为 ………………………………………… 17

四、开放许可的战略意义 ……………………………………… 20

第四节　开放许可与相关概念的区分 …………………………… 24

一、开放许可与强制许可 ……………………………………… 24

二、开放许可与默示许可 ……………………………………… 27

三、开放许可与标准必要专利 ………………………………… 28

四、开放许可与失效专利 ……………………………………… 30

五、开放许可与专利开放、专利免费 ………………………… 30

第二章 专利开放许可的法律基础 ·· 32

　第一节 《专利法》规定的开放许可 ·· 32

　　一、《专利法》中涉及开放许可的规定 ·································· 32

　　二、《专利法实施细则修改建议（征求意见稿）》涉及
　　　　开放许可的规定 ·· 33

　　三、国家知识产权局《关于施行修改后专利法的相关审查
　　　　业务处理暂行办法》涉及开放许可的规定 ·················· 35

　　四、开放许可的法律关系 ·· 39

　第二节 开放许可法律关系主体 ·· 40

　　一、专利权人 ··· 40

　　二、政府部门 ··· 41

　　三、专利实施人 ·· 41

　第三节 开放许可法律关系客体 ·· 42

　第四节 开放许可法律关系内容 ·· 43

　　一、专利权人享有法律所赋予的权利和承担法律所规定的义务 ··· 43

　　二、实施人享有法律所赋予的权利和承担法律所规定的义务 ······ 45

　　三、开放许可中政府的作用 ··· 47

第三章 专利开放许可的运营模式 ·· 49

　第一节 广义的开放许可 ·· 49

　　一、公告式开放许可 ·· 50

　　二、公开式开放许可 ·· 54

　　三、混合式开放许可 ·· 56

　第二节 孤岛式开放许可与战略式开放许可 ····························· 57

　第三节 含有专有技术的开放许可 ··· 60

　第四节 其他开放许可运营模式 ·· 62

　　一、自由式开放许可与限制式开放许可 ····························· 62

　　二、单专利开放许可与打包式开放许可 ····························· 63

　　三、标准式开放许可和差异化开放许可 ····························· 64

第四章 专利开放许可的影响因素 ·· 66

　第一节 专利供给侧和需求侧对开放许可的影响 ······················ 66

　　一、专利供给侧和专利需求侧 ··· 66

　　二、专利供给侧改革 ·· 67

　　三、开放许可对供给侧和需求侧的要求 ················ 69

　第二节　技术领域对开放许可的影响 ················ 74

　第三节　技术周期对开放许可的影响 ················ 76

　　一、婴儿期 ······································ 77

　　二、成长期 ······································ 77

　　三、成熟期 ······································ 78

　　四、衰退期 ······································ 78

　第四节　专利类型对开放许可的影响 ················ 79

　第五节　法制环境对开放许可的影响 ················ 81

　　一、站在过去看开放许可 ·························· 81

　　二、站在现在看开放许可 ·························· 83

　第六节　开放许可的激励政策和税收优惠政策 ········ 87

第五章　专利开放许可运营可能出现的问题及对策 ········ 92

　第一节　开放许可声明的数量可能超出预期 ·········· 92

　第二节　确定合理的专利使用费标准 ················ 93

　第三节　确定合适的支付方式 ······················ 98

　第四节　开放许可期限的确定 ······················ 100

　第五节　开放许可中的委托代理问题 ················ 102

　第六节　开放许可的免费使用问题 ·················· 105

　　一、法律是否允许免费 ···························· 105

　　二、专利权人为什么要免费 ························ 105

　第七节　专利权评价报告对开放许可的影响 ·········· 107

　第八节　开放许可线上完成交易的可行性 ············ 109

　　一、线上完成交易的法律基础 ······················ 109

　　二、线上完成交易的理论基础 ······················ 110

　第九节　开放许可前专利权已发生情况的处理 ········ 111

　第十节　开放许可合同的备案 ······················ 114

　　一、为什么要备案 ································ 114

　　二、如何进行备案 ································ 115

　第十一节　开放许可有可能引发的两个法律问题 ······ 116

　　一、侵权行为的性质认定及赔偿问题 ················ 117

　　二、发明人或设计人索取报酬的问题 ················ 120

第六章 专利开放许可的运营实践·············· 122

第一节 锚固钉开放许可运营实践·············· 122

一、案例背景·································· 123

二、维权之路·································· 125

三、开放许可标准模式建立···················· 130

四、以打促谈 等待战略机遇·················· 132

五、经验与教训分享·························· 134

第二节 共享专利的运营实践·················· 135

第三节 共享研发运营实践···················· 140

一、研发项目的内在逻辑······················ 140

二、共享研发的类型·························· 141

第四节 高质量专利运营实践·················· 144

一、何谓高质量专利·························· 145

二、中小企业高质量专利运营·················· 147

第五节 开放许可运营平台建设实践············ 157

一、开放许可交易平台 2.0 版的设计思想········ 157

二、平台模块································ 159

三、专利再造································ 160

四、平台的作用······························ 162

五、初步成效································ 164

六、平台展望································ 166

第一章　专利开放许可概述

在有些国家，专利开放许可被称为"当然许可"，英文表达为 license of right，在巴西法中称为 offer of license，在俄罗斯法中称为 open license，是促进专利转化实施的一项法律制度。我国在第四次修正的《专利法修改草案(征求意见稿)》中也是采取"当然许可"，只是最后公布的新修改的《专利法》条文采用"开放许可"。这种变化在实体上并没有差异，但在立法思想上更能体现"开放性"，与我们坚持对外开放的国策是一脉相承的。

开放许可制度并不是一个新的制度，起源于英国，最早可追溯至1919年英国专利和外观设计法，该法通过对专利强制许可的改良，创造出专利当然许可的运用模式；1949年英国专利法对当然许可制度进一步改良，后为一些域外国家所效仿。❶ 目前施行开放许可制度的国家有20多个，包括英国、法国、德国、美国、意大利、西班牙、印度、巴西、俄罗斯、新加坡、泰国、新西兰、南非、希腊、波兰、马来西亚等，其中，既有发达国家，也有一些发展中国家。

虽然 TRIPS 以及相关的知识产权国际条约都未对开放许可制度予以明文规定，但其长期根植于一些国家的专利制度中。各主要国家关于专利开放许可制度的规定具有以下共同特征。

第一，由专利权人事先向不特定的主体作出声明，即愿意将专利许可他人使用的意思表示。专利权人的此种声明能够被视为要约，一旦有主体作出承诺，则许可使用合同订立。任何人意欲与专利权人订立专利许可使用合同，则仅仅需要向其作出承诺。

第二，在专利开放许可制度中，专利被许可人不得被授予独占许可或者排他许可，仅可被授予普通许可。

第三，为鼓励专利权人作出开放许可，专利权人享受专利年费方面的

---

❶ 汤贞友. 专利当然许可制度研究 [D]. 重庆：西南政法大学，2019.

优惠。

第四，专利权人有权撤回开放许可声明，但撤回开放许可声明不具有溯及力，不影响在先给予的开放许可的效力。

然而，到目前为止，尚未发现由权威机构对开放许可给出统一的定义。

本章通过概念内涵和外延两个方面，将开放许可在多个维度以标签的方式予以体现，从而让读者更好地理解开放许可制度的设计初衷，也便于为开放许可运营的实践提供理论支持。内涵主要包括开放许可的定义、特点、施行必要性等方面；外延主要是开放许可与其他相关概念的区分。

第一节　开放许可的定义

谈到"开放许可"，直接指向为现行《专利法》第五十条至第五十二条的规定。这些条文尽管没有以定义的方式限定开放许可，但已经具备开放许可的基本内容。

在笔者看来，以定义来限定一个概念应当是完整且严谨的，在没有达成一个统一且更权威的概念前，采用新修改的《专利法》第五十条和第五十二条的限定也是一个好办法。作为一种研究和探索，笔者依另外一种视觉，大胆地将开放许可区分为狭义的开放许可和广义的开放许可。这种区分，不仅使得开放许可的定义更清晰，便于理解，还可以拓展开放许可作为专利实施方式之一的发展空间，有利于技术转化实施，也符合设计开放许可制度的法律初衷。

此外，将开放许可从狭义和广义上区分，不仅是概念上的区分，更是实际运营中的区分，因为在实际运营中也会由此衍生出不同的运营模式，会进一步丰富和发展开放许可制度内涵。这在后面的章节中将一一介绍。

一、狭义的开放许可

狭义的开放许可或者称为法定开放许可，就是指新修改的《专利法》第五十条至第五十二条规定的情形。

第五十条　专利权人自愿以书面方式向国务院专利行政部门声明愿意许可任何单位或者个人实施其专利，并明确许可使用费支付方式、标准的，由国务院专利行政部门予以公告，实行开放许可。就实用新型、外观设计专利提出开放许可声明的，应当提供专利权评价报告。

专利权人撤回开放许可声明的，应当以书面方式提出，并由国务院专利行政部门予以公告。开放许可声明被公告撤回的，不影响在先给予的开放许可的效力。

第五十一条　任何单位或者个人有意愿实施开放许可的专利的，以书面方式通知专利权人，并依照公告的许可使用费支付方式、标准支付许可使用费后，即获得专利实施许可。

开放许可实施期间，对专利权人缴纳专利年费相应给予减免。

实行开放许可的专利权人可以与被许可人就许可使用费进行协商后给予普通许可，但不得就该专利给予独占或者排他许可。

第五十二条　当事人就实施开放许可发生纠纷的，由当事人协商解决；不愿协商或者协商不成的，可以请求国务院专利行政部门进行调解，也可以向人民法院起诉。

如前所述，如何给狭义的开放许可（法定开放许可）一个合适的定义呢？海量文献中诸多学者给出的定义大致相同，基本思路也是按照新修改的《专利法》的条文要求进行浓缩提炼。为体现权威性，笔者参照国家知识产权战略网中给出的定义❶。但由于在给出该定义时，《专利法》修改尚未完成，有关开放许可内容还未最终确定，笔者在沿用国家知识产权战略网定义结构的同时，根据新修改的《专利法》的内容进行适应性补充，最终形成如下狭义的开放许可的定义。

专利开放许可是促进专利转化实施的一项重要法律制度，它是指权利人在获得专利权后自愿向国务院专利行政部门提出开放许可声明，明确许可使用费支付方式和标准，由国务院专利行政部门予以公告，在开放许可期间，任何单位或者个人都可以按照公告的开放许可条件获得实施该专利的普通许可。

该定义主题要素完整，逻辑清晰明了。更重要的是，该定义解释施行专利开放许可制度所面临的两大问题：一是为什么要施行？二是如何施行？一个是目标方向，一个内容过程，两者相互依存、相得益彰，共同服务于创新驱动发展和知识产权强国目标。狭义的开放许可运营模型如图1-1所示。

---

❶　以开放许可制度促专利运用［EB/OL］.（2020-11-23）［2021-01-15］. http://www.nipso.cn/onews.asp？id=51413.

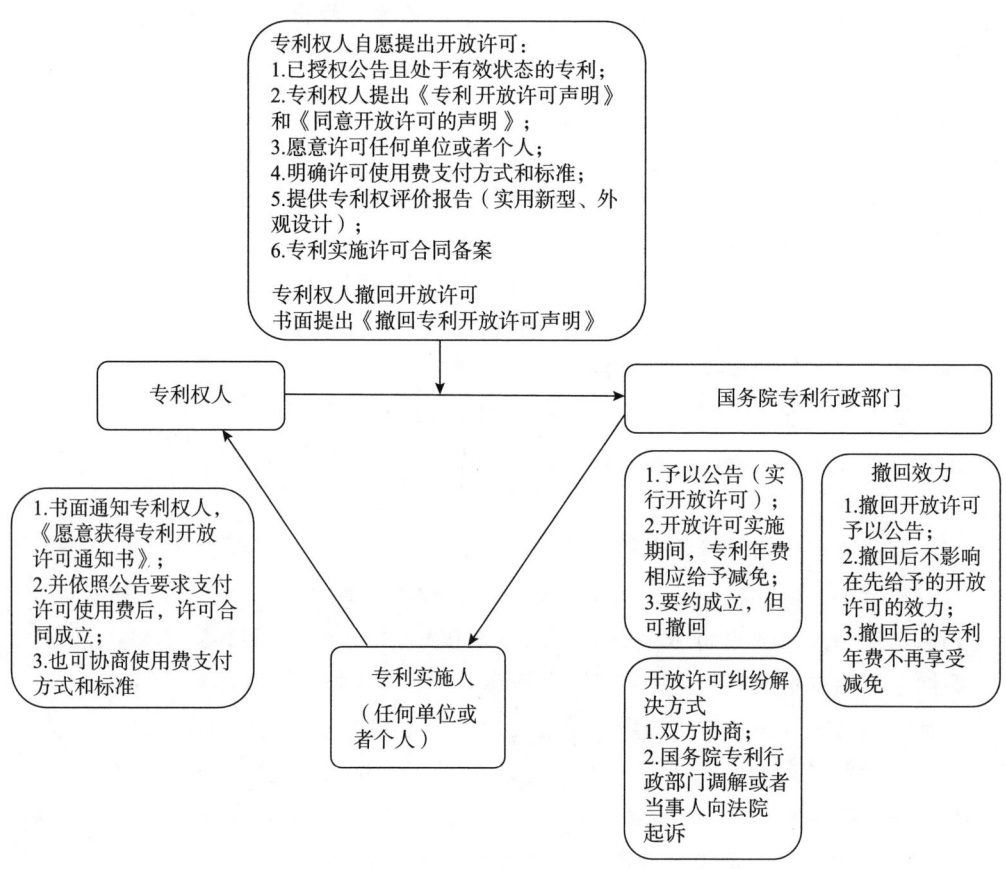

图 1-1　狭义的开放许可运营模型

二、广义的开放许可

广义的开放许可与狭义的开放许可是相对而言的。如果说狭义的开放许可是法定、谨慎、必须执行的，那么广义的开放许可则是开放、创新、尝试性的。

广义的专利开放许可是促进专利转化实施的一项重要方式，它是指申请人或权利人在申请专利或获得专利权后自愿向第三方机构或国务院专利行政部门提出开放许可声明，明确许可使用费支付方式和标准，由第三方机构或国务院专利行政部门予以公告，在开放许可期间，任何单位或者个人都可以按照公告的开放许可条件获得实施该专利的普通许可。

由上述定义可以看出，狭义的开放许可是广义开放许可中的一种方式，两者的主要区别有以下几点。

（1）狭义的开放许可限制在授权后的专利，包括发明专利、实用新型专利和外观设计专利；广义的开放许可不仅包括授权专利，还包括专利申请，由此涉及的许可主体中不仅包括专利权人，还包括专利申请人。

（2）狭义的开放许可包括国务院专利行政部门公告环节，利用行政部门的公信力和公共资源平台为专利实施进行有限度的背书，尽可能减少实施方的顾虑；广义的开放许可则在此基础上进一步扩展到任何具有一定影响力的第三方机构，对开放许可的专利申请开放许可声明并予以公开，依靠第三方平台的信用和专业能力，尽可能减少实施方的顾虑。

（3）狭义的开放许可注重合法性，只有符合法定要件的开放许可，才能予以开放许可公告并享受专利年费减免的激励政策；广义的开放许可更注重诚实信用原则和契约精神，但无法享受法定的专利年费减免激励政策。

（4）在开放许可交易过程中，狭义的开放许可更注重开始的合法性和成交的结果即专利实施许可合同备案，没有权限或者没有人力去撮合交易达成；广义的开放许可由于具有经纪作用的第三方机构及其平台的撮合，正好可以弥补狭义开放许可的不足，更有利于开放许可交易的达成。

（5）广义的开放许可也可以称为混合式开放许可模式。对于专利权人来说，可以在两个交易平台（第三方机构和国务院专利行政部门）进行交易，因而可以增加交易机会，同时还可以享受第三方机构及其平台业务托管、业务咨询、交易撮合经纪服务，向国务院专利行政部门提出或者撤回开放许可声明、办理专利实施许可合同备案等服务。

当然，广义开放许可还可以进一步延伸，从专利及专利申请扩展到其他技术成果的普通许可交易场景中，原理基本相同。为避免术语混乱，在本书的后续章节中，凡没有特别指出为广义开放许可的，所有的"开放许可"均为狭义的开放许可，即法定开放许可。

广义的开放许可运营模型如图1-2所示。在该图中，对于民间机构平台可以参照开放许可，将交易主体从授权专利扩展到专利申请或者其他科技成果，属于广义的开放许可；而后面国务院专利行政部门公告部分则属于狭义的开放许可。

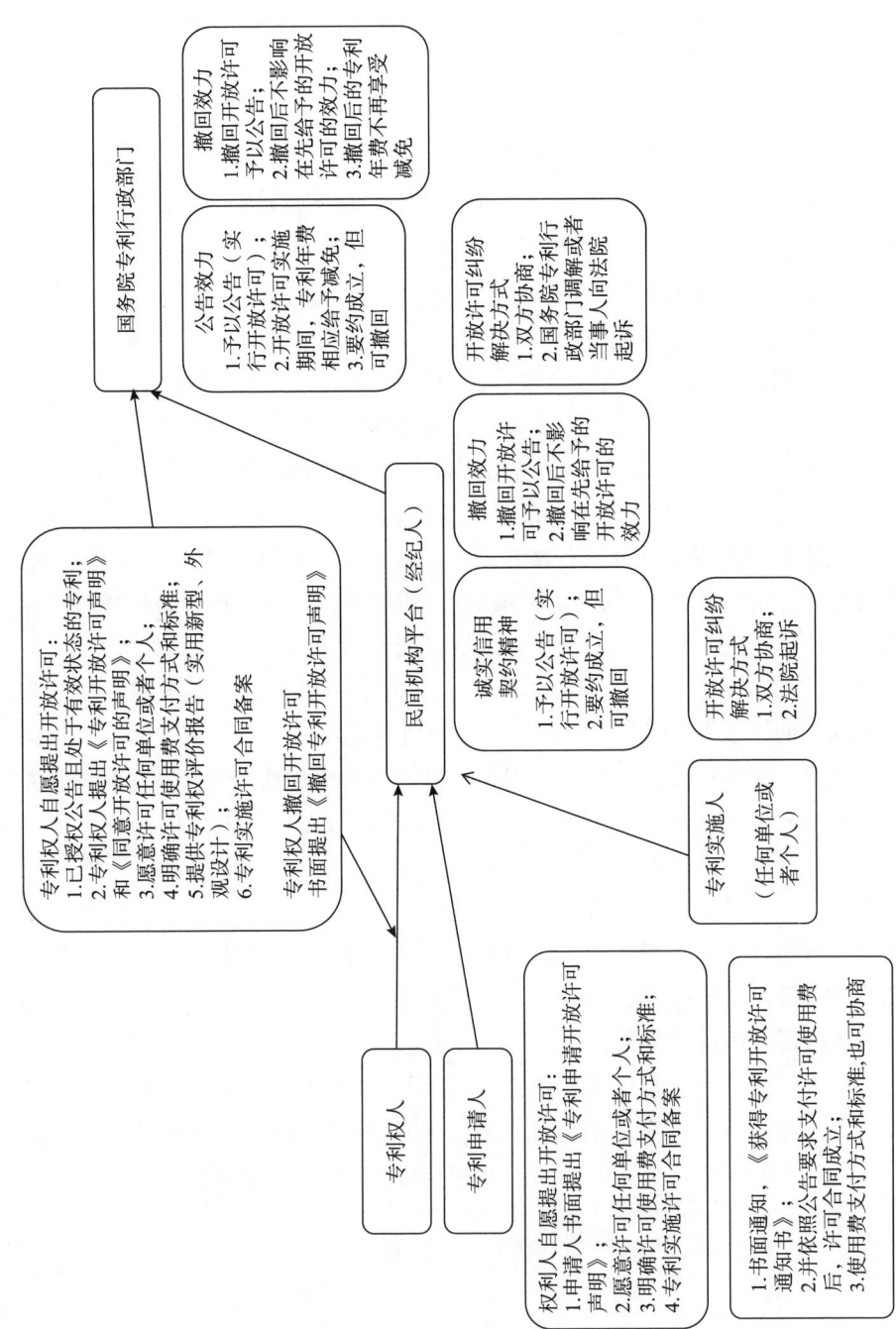

图 1 - 2 广义的开放许可运营模型

第二节 开放许可的特点

开放许可制度是一种特殊的专利许可制度，与已有的许可制度相比，具有法定性、主动性和自愿性等 8 个特点。❶ 具体归纳如图 1 - 3 所示。

图 1 - 3 开放许可特点

一、法定性

专利权人与被许可人均必须履行新修改的《专利法》规定的权利和义务，开放许可方可生效。

二、主动性

依据新修改的《专利法》第五十条的规定，开放许可只有在专利权人主动向国务院专利行政部门提出声明，并且主动明确许可使用费标准及支付方式，明确许可使用期限的，才有可能启动开放许可程序。

三、自愿性

同样依据新修改的《专利法》第五十条的规定，开放许可只有在专利权人自愿向国务院专利行政部门提出声明，才有可能启动开放许可程序，没有任

❶ 李文江. 我国专利当然许可制度分析：兼评《专利法（修订草案送审稿）》第 82、83、84 条 [J]. 知识产权，2016（6）：91 - 95.

何强制性。

四、单向性

同样依据新修改的《专利法》第五十条的规定，开放许可的许可使用费标准及支付方式是专利权人在申请开放许可时单方提出的，被许可人可以因同意（承诺）而使开放许可实施合同生效，也可因不回应而使开放许可实施合同无法达成。而且，专利权人提出的使用费支付方式、标准、许可使用期限是自行决定，不受任何干预。

不过，根据新修改的《专利法》第五十一条第三款的规定，实行开放许可的专利权人可以与被许可人就许可使用费进行协商，这就给出开放许可的许可使用费是"专利权人单方提出为主，双方协商为辅"的原则。

五、普通性

开放许可属于普通许可，也可称"一般实施许可"，是指许可方允许被许可方在规定范围内使用其专利，同时保留自己在该范围内使用该专利以及允许被许可方以外的其他人实施其专利的权利。因此，实行开放许可在理论上已经将具有独占许可或排他许可的情况排除在外。

在开放许可请求之前发现存在独占许可或排他许可的实施许可合同，能否排除在开放许可之外，这要看具体情况。如果独占许可或排他许可的实施许可合同并没有在行政管理部门备案，依照《专利法实施细则修改建议（征求意见稿)》第十四条的规定，未经备案不得对抗善意第三人。❶ 也就是说，经过备案的开放许可可以对抗未经备案的独占许可或排他许可，开放许可能够被公告，否则不予公告。

但是，2021年5月24日，《国家知识产权局〈关于施行修改后专利法的相关审查业务处理暂行办法〉的公告》（第423号）中发布的相关表格《专利开放许可声明》明确要求声明："本专利不在专利独占实施许可或者排他实施许可有效期限内"。这种规定与上述所说的《专利法实施细则修改建议（征求意见稿)》第十四条所规定的内容目前存在冲突，这种冲突是否能化解，需要看新修改的《专利法实施细则》具体内容。

还有一种情况，在开放许可请求之前虽然存在普通许可，但由于该普通许

---

❶ 国家知识产权局关于就《专利法实施细则修改建议（征求意见稿)》公开征求意见的通知，2020－11－27。

可限定在某一区域或某一时间内具有独占或者排他许可的性质，这类普通许可也不得对抗善意第三人。也就是说，经过备案的开放许可可以对抗未经备案的在某一区域或某一时间内具有独占或者排他许可性质的普通许可。这类普通许可是否排除在开放许可之外，还是需要看新修改的《专利法实施细则》具体内容。

在开放许可请求之后独占许可或排他许可的实施许可合同，一般不会发生，因为新修改的《专利法》第五十一条第三款作了明确的禁止，除非专利权人自找麻烦。

六、明示性

开放许可的专利权人在主动、自愿地向国务院专利行政部门提出声明时所提出的开放许可条件，例如许可使用费标准和支付方式、许可使用期限等内容是明示的，但对于经过协商的许可使用费，则可能具有一定隐秘性。

另外，对于明示性，应以开放许可声明的内容为边界，规定凡开放许可声明的内容均属于明示的合同权利义务关系。然而，有些内容虽然属于开放许可声明的一部分，但专利权人明确排除的，是不构成合同权利义务关系的，除非法律有明确的规定或者为行业惯例普遍认可。

七、低成本性

开放许可后，无论是对专利权人还是被许可人，亦是对于行政机关，均表现为低成本性。

对于专利权人来说，不必劳神伤财去寻找专利的被许可方，可以节省成本，简化成交环节，即降低成交成本，专利年费激励可以进一步降低维护成本。

对于被许可人来说，不仅可以提高交易安全性和交易效率，也可以明显降低交易成本，特别是降低专利许可使用费。

对于行政机关来说，有利于技术进步，提高创新效率，减少专利纠纷，降低行政费用支出。

八、高效性

成功的开放许可具有程序简单、成交迅速的特点，可以实现让专利交易更简单的目的，为未来实现线上交易打下基础。

第三节　我国实行开放许可的必要性

前面已经介绍开放许可内涵及其特点，接下来要探讨我国《专利法》第四次修订中为何要引入开放许可制度、对我国当前或者今后一段时期有何影响。

一、我国专利发展的主要节点

从 1985 年 4 月 1 日到 2021 年 6 月 1 日，伴随着我国改革开放，我国专利从无到有、从有到优，主要发展节点有以下几个。

（1）1985 年 4 月 1 日，《专利法》施行，当年专利申请量为 8558 件。❶

（2）2011 年，中国专利部门受理的专利申请量已超过日本和美国，一跃而成为世界第一大专利申请国。❷ 当年专利申请量为 52 万件。

（3）2018 年，中国国家知识产权局受理的专利申请数量达到创纪录的 154 万件，占全球总量的 46.4%，其数量相当于排名第 2 ~ 11 位的主管局申请量之和，也是连续第 8 年排在首位。排在中国之后的是美国（597141 件）、日本（313567 件）、韩国（209992 件）和欧洲专利局（174397 件）。这五大主管局受理的申请数量共占世界总量的 85.3%。❸

（4）1999 年世界知识产权组织收到中国提交的专利申请（PCT）为 276 件，2019 年中国提交的专利申请（PCT）飙升至 58990 件，20 年间增长了 200 多倍，超过美国提交的 57840 件，成为 PCT 最大申请国。❹

（5）2020 年世界知识产权组织发布最新报告指出，2020 年全球专利申请量增长 4%，申请量达到 27.59 万件，创造了有史以来最高数量。中国专利申请量同比增长 16.1%，以 68720 件稳居世界第一。紧随其后的是美国，专利申

---

❶ 杨亚楠，高婷婷. 33 年 180 倍！中国知识创新到底有多牛［N/OL］. 光明网，2019 - 11 - 11［2021 - 01 - 17］. http：//economy. gmw. cn.

❷ 李长安. 中国专利世界第一？虚胖［N/OL］. 人民网，2012 - 12 - 13［2021 - 01 - 17］. http：//ip. people. com. cn/n/2012/2/13/C136655_19881848. html.

❸ 2018 年中国专利申请 154 万件 连续 8 年位列世界第一［N/OL］. 快科技官方百家号，2019 - 10 - 16［2021 - 01 - 17］. https：//baijiahao. baidu. com/.

❹ 栗翘楚、杨曦. 中国国际专利申请量全球第一［N/OL］. 人民网海外版，2020 - 04 - 09［2021 - 01 - 21］. http：//finance. people. com. cn/.

请量达 59230 件。日本、韩国和德国位居第三、四、五位。❶

从上面的数字看出，30 多年后的今天，中国专利申请已高居世界榜首，并连续多年稳居世界第一。伴随专利申请数量爆炸式的增长，我们乐见专利申请数量第一的同时，更期待质量提升；我们乐见加强保护与鼓励创新的同时，更期待专利运用为技术进步增添动力。

中国虽然已成为专利数量大国，但离专利强国仍有很大差距。中国虽然专利发展迅猛，但发展背后仍存在着诸多隐忧。专利质量不高、转化率低、保护力度不够等突出问题，仍制约着中国专利事业的高质量发展。

党的十八大提出实施创新驱动发展战略，强调科技创新是提高社会生产力和综合国力的战略支撑，是国家发展全局的核心。2012 年以来，政府持续加大对科研的投入，中国研发经费投入总量仅次于美国。然而，与巨量科研投入不成正比，我国科技成果转化率仅为 20%，实现产业化的不足 5%，而发达国家科技成果转化率平均保持在 50%~60%。❷

党的十九届五中全会把创新摆在我国现代化建设全局中的核心地位，加快建设科技强国，把科技自立自强作为国家发展的战略支撑，强化国家战略科技力量，提升企业技术创新能力，激发人才创新活力，完善科技创新体制机制。以创新为第一动力推进产业结构升级、重塑经济发展新优势。然而，居高不下的专利数量、参差不齐的质量、大量得不到应用的专利，不仅占用大量资源，造成人力物力财力方面的浪费，而且影响并分散建设科技强国的有效资源。

2020 年 5 月 13 日，国务院知识产权战略实施工作部际联席会议办公室关于印发《2020 年深入实施国家知识产权战略加快建设知识产权强国推进计划》的通知，提出 100 项具体措施。

2021 年 2 月 1 日《求是》杂志 2021 第 3 期发表中共中央总书记、国家主席、中央军委主席习近平的重要文章《全面加强知识产权保护工作 激发创新活力推动构建新发展格局》。文章强调，创新是引领发展的第一动力，保护知识产权就是保护创新。全面建设社会主义现代化国家，必须更好推进知识产权保护工作。知识产权保护工作关系国家治理体系和治理能力现代化，关系高质量发展，关系人民生活幸福，关系国家对外开放大局，关系国家安全。

我国正在从知识产权引进大国向知识产权创造大国转变，知识产权工作正

❶ 继续领跑! 2020 年中国专利申请量稳居世界第一 [N/OL]. 经济观察网, 2021-03-02 [2021-01-21]. http://www.eeo.com.cn/.

❷ 钱敏. 中国专利申请世界第一的背后 [J]. 人民周刊, 2019 (1): 18-19.

在从追求数量向提高质量转变。我们必须从国家战略高度和进入新发展阶段要求出发，全面加强知识产权保护工作，促进建设现代化经济体系，激发全社会创新活力，推动构建新发展格局。

自此，以知识产权运用为中心，从国家层面吹响中国知识产权高质量发展的"集结号"。

二、科技成果转化率低的深度分析

当前，科技成果转化率低是真实存在的，然而单以这一指标数值的高低去评价工作的成功与不足是偏颇的。我们必须以高屋建瓴的方式，以综合分析的方法，理解创新、专利和科技成果之间的关系，从而把握发展机遇和方向，不至于顾此失彼。

这就要搞清楚如下 3 个问题。

1. 科技成果、专利的固有特性对"转化率"的影响

科技成果是指由法定机关（一般指科技行政部门）认可，在一定范围内经实践证明先进、成熟、适用，能取得良好经济、社会或生态环境效益的工作成果，其内涵与知识产权和专有技术基本一致，是无形资产中不可缺少的组成部分。

"科技成果"一词虽然被人们频繁地使用，并且出现在有关科技成果管理方面的政策法规中，但是却没有明晰统一的认识，从而造成很多问题，比如科技成果的"公权""私权"问题。"科技成果"是具有中国特色的一个词，是从"科学"一词演化而来的，在计划经济时期、市场经济初期、市场经济成熟期以及我国加入 WTO 后，内涵均有所不同。❶

《促进科技成果转化法》第二条给出了科技成果这样的定义：该法所称科技成果，是指通过科学研究与技术开发所产生的具有实用价值的成果。

我们通常所讲的"科技"其实就是"科学研究"与"技术开发"的组合，只是大家把两者当成一回事了。"科学"源于研究机构，倾向于理论层面，如基础研究、软课题研究等；"技术"是指对理论的应用并直接促进社会发展，如 5G 技术、AI 技术应用等。因此，理论层面的科学研究成果尽管也列入成果之中，但由于固有的特性而难以转化，我们在谈及"科技成果转化率"时理应剥离这些纯理论成果。

---

❶ 刘德刚，牛芳，唐五湘. "科技成果"一词的起源、演变及重新界定 [J]. 北京机械工业学院学报，2004，19（2）：38–44.

　　"专利"是一个规范的法律术语，该概念的内涵和外延基本是清晰的，无论是国内法还是国际法均予以认可。"专利"源于一切发明创造，而不是发现。虽然"专利"致力于通过"应用"促进技术进步，但可以肯定的是"专利转化""专利交易"仅仅是"专利应用"的一部分，甚至是主要部分，但作为"专利应用"的另一部分且为法律所认可的"合法闲置（专利储备、专利威慑）"部分，好比"养兵千日，用兵一时"，又好比培育"运动员千千万，但冠军只有一个"。这是企业经营战略的重要组成部分，也是企业的核心竞争力。这一部分在我们谈及"提高专利转化率"时，不应当也不应该列入可转化之列，更不得强迫转化实施。

　　当然，科技成果转化和专利运用还包含很大比例的自我实施行为，这种方式具有隐匿性，不像通过转让、许可等实施方式来得直白。企业专利自我实施是企业的合法处分行为，很难准确统计。

　　通过上述三个方面我们可以看出，当前在创新成果（包括科技成果、专利）的转化率统计方面明显缺乏客观性，在归集统计数据时没有考虑：有些成果是不能转化的，有些是不必要转化的，有些是已经转化但没有必要统计的。如果不理解创新成果本身固有的特性，只是片面强调专利转化率，将会使创新走向"盲区"：要么是远离大众创业万众创新的"专利精英主义"，要么是"大跃进式"的转化"虚无主义"，这两种结果都是与创新驱动发展的国家战略不相符的。

　　由于历史原因，我国的专利确实存在一些泡沫，甚至有很严重的泡沫，例如不以创新为目的专利申请，这些在涉及专利转化率问题时根本不能考虑。我们在统计科技成果、专利的"转化率"时，可否参考有些地方学校"高考升学率"曾经使用的统计方法，进行剥离、剥离、再剥离。尽管这种类比不合适，但逻辑上是相通的。通过剥离将以真正创新为目的的专利或科技成果筛分出来，那么科技成果、专利的"转化率指标"一定会"很美好"。

　　2. 从交易的本质看"转化率低"的问题

　　技术交易是交易的一种，自然符合交易的本质和规律。了解交易的本质，是做好技术交易的基础，不能本末倒置。

　　那么，交易的本质是什么？

　　《汉语大词典》：交易，原指以物易物，后泛指买卖商品。

　　《易经·系辞下》："日中为市，致天下之民，聚天下之火，交易而退，各得其所。"

《史记·平准书》："农工商交易之路通，而龟贝金钱刀布之币兴焉。"

由此看出，交易的本质是价值交换互通有无的行为，可以从三个方面理解：一是交换的客体必须具有价值；二是双方均必须具有交换的内在需求；三是原则上等价交换。按照这三个方面，站在以真正创新为目的的角度看待当前专利转化就非常清晰了。

（1）不以创新为目的专利，因不具有专利法意义上的"价值"，无法真正实现交易

不以创新为目的的专利，现在的名称有几个版本，官方称为"非正常专利""低质量专利"，民间称为"垃圾专利""无用的专利"。

笔者认为，称之为"伪专利"更为贴切，因为"伪"有意掩盖本来面目之意。《说文》中，徐锴曰："伪者，人为之，非天真也。""伪专利"即不以创新为目的违背专利制度本质的专利。这样定义可以减少很多不必要的争执，因为"非正常"和"低质量"等没有绝对的标准，具有很大的主观性。

"伪专利"的表现形式有纯粹以升学为目的的专利、纯粹以职称晋升为目的的专利、纯粹以荣誉资质为目的的专利、纯粹以项目资金为目的的专利、纯粹以业绩政绩为目的的专利、纯粹以虚增资产为目的的专利、纯粹以专利布局为借口的专利、纯粹以进攻和防御为借口的专利、纯粹以宣传为目的的专利、纯粹以爱好为目的的专利、纯粹以高新技术企业评定为目的的专利、纯粹以企业上市为目的的专利……。但是，怎样甄别这些专利，确实需要认真研究。虽然我们不知道这些"伪专利"最终去向何方，但非常清楚这些"伪专利"是怎么来的。既然知道来路，就可斩断来路、釜底抽薪，解决"伪专利"也就有了手段。"伪专利"之所以存在，就是因为存在上述各种各样不以创新为目的的"专利杠杆"。"专利杠杆"不去除，单靠"西医手术"疗法是去不了"病根"的，必须"标本兼治"，只有有效地去除"杠杆"，才能根治专利"泡沫"。

（2）基于未来的"专利"，因不能满足当前需求，也无法实现当前交易

假如能够剥离前述不以创新为目的专利，相信读者会轻松许多，原来以创新为目的的专利申请竟然只有这么多！

如果读者对创新和专利有所了解，一定知道创新方面我们耳熟能详的"创新需要生产一代、研制一代、储备一代"的经营策略。与此相适应，很多储备是以专利的形式出现的，甚至有些前瞻性专利或者开拓性专利，当前并不具备实施的环境和条件，也许若干年后才有可能实施。如果"单纯提高转化率"的话，这部分基于未来的战略性"发明创造"显然不能转化实施。因为

交易的内在需求者往往只关乎当下，能够关乎未来的"发明创造"就是"智者中的智者"。

（3）"绝对等价交换"的专利因追求过程和结果的完美，也无法实现当前交易

交易的本质是价值交换，追求的是合理对价，而不是"绝对等价"。合理对价大多数都是基于心理对价，即交易方认为合适，认为值，就可以交易。其实交易本来很简单，就是因为人类智商太发达，不断追求更合理、更接近的价格，甚至要求"绝对等价"。交易的双方总是希望在交易过程中追求更多，比如专利权人在确定专利许可使用费时总是顾虑很多，专利许可使用费标准定多少合适，如果定得低，那不是自己吃亏吗？于是希望定高一些，预留谈判的空间，而技术需求方的心理正好相反。这是人们在交易过程中的正常心理活动，但正是这种"完美型"的交易心理，使交易变得复杂而低效，成了制约"技术转移转化"的瓶颈之一。再比如，关于专利转化过程中的价值评估，既然是评估就不需要绝对完美，任何人也做不到绝对完美，即使做到"完美"，也仅仅是后期交易的参考值而已。没有几个案例是按照评估值进行交易的，除非采取"交易达成后再评估"倒推方式，但也就失去了评估的意义。

现实交易中，价值评估增加多少工作量，就增加多少成本，相应地就会使交易双方对专利价值认知产生多少期盼和混乱，让他们在"美好梦想"与"残酷现实"之间难舍难分。

因此，笔者认为，价值评估应当作，但要有个度；价值评估可以作，非必要不进行；价值评估适当作，不宜过分强调，让市场去选择。

价值评估可以分为学术型评估和交易型评估。为了达成交易，买卖双方应当遵守"舍得"原则，舍就是得，得就是舍。专利权人只有降低专利使用费，才可实现"薄利多销"；实施方通过支付专利使用费，而得到"安全使用"，避免因侵权而受到惩罚。双方都明白了，交易就简单了。

3. 专利转化率低舆情怎么看

"舆情怎么说"之所以写进来，是因为有时舆情能反映一些问题，帮助我们找到问题根源，从而在决策上把控得更准确。笔者通过搜索网络舆情，发现关于专利转化率低的分析大致有以下观点：

（1）过分重视专利数量

舆情认为：由于过去过于重视专利数量，以至于专利数量居高不下，多年位居世界第一。但数量去了，对质量监控力度不够，必然会良莠不齐。一些低

质量专利使投资者失去信心，造成专利市场的不景气和专利价值的贬低。就如同一个人只管吃得多，但不能消化、吸收，那么就会生病，甚至死掉。

（2）高校、科研机构的考核机制

舆情认为：过去高校、科研机构对科研人员的考核重点放在获得论文和专利数量上。这必然会出现大量论文和专利申请，甚至出现论文抄袭等违背学术道德的事情。另外，关于技术转移转化分配制度的规定，过于强调职务发明而忽视了对研发人员的激励，从而使他们产生"短视行为"，即只负责研发，能否应用要看"成果"的造化。在科研领域还存在一些怪现象：研究人员重论文、轻研发；重研究、轻转化；重专利、轻保护。如此必然出现论文一筐、成果一堆，但没有多少技术价值高、市场好、保护有力的研发成果，专利转化率低也就不足为奇了。

（3）创业环境不成熟

舆情认为：专利转化的过程从某个程度上来说就是创业过程，离不开企业家和投资人。企业家创业既需要遴选好的项目，还需要投资人的资金支持。即使企业家选中好的项目，如没有投资人的支持，也是枉然。投资人需要看长远，需要一双慧眼发现好项目和实施该项目的企业家。大家今天羡慕孙正义从阿里巴巴获得巨大的投资回报，但当初投资 2000 万美元的人为什么是日本软银的孙正义而不是国内某个投资家。因此，研发机构提供的好项目、发现好项目的企业家、发现企业家的投资人共同构成创业环境生态体系，其成熟度也直接影响专利转化率。

（4）创新创业的法制环境

舆情认为：过去对专利侵权的打击力度太弱了，一种好产品投放市场很快招致仿制侵权，即使赢了官司，也输了市场，研发成了企业的包袱和梦魇。侵权成本低助长不劳而获的思想，企业家无奈只顾眼前利益，投资家也不敢冒风险投资一件市场前景不明朗的专利，自然研发动力不足，专利转化需求不旺盛。

（5）侵权者的逻辑

舆情认为：侵权之所以存在，有其内在逻辑。侵权者认为，市场整体转化率不高与侵权者没有一毛钱的关系，"我们"（侵权者）一直在努力积极地进行"专利转化"，对发现的目标从来"不浪费"。

就是这句"从不浪费"，促使笔者进一步分析：为什么不浪费？什么是爆款产品（或专利）？既然有"专利"，为什么还能被"侵权"？侵权厂商为什么敢于"侵权"？而不怕被"暴打"吗？经进一步调查，发现侵权者的逻辑如下：

因为你的技术好、产品好，有利可图，所以侵权；

因为你的技术太好，才会出现群体性侵权；

因为你的技术没有专利，所以侵权者如入无人之境；

因为你的专利"太烂"，如同稻草人可以吓唬麻雀，但吓唬不住真正的"侵权者"；

因为过去侵权成本太低，所以也没把法律当回事。

如何提高专利转化率？应当满足"3+2个条件"，笔者称为"专利成功转化五要素"，如图1-4所示。其中，前三个为基础条件——爆款专利、无法规避、从严保护；后两个为促进条件——简化程序，提供便利。

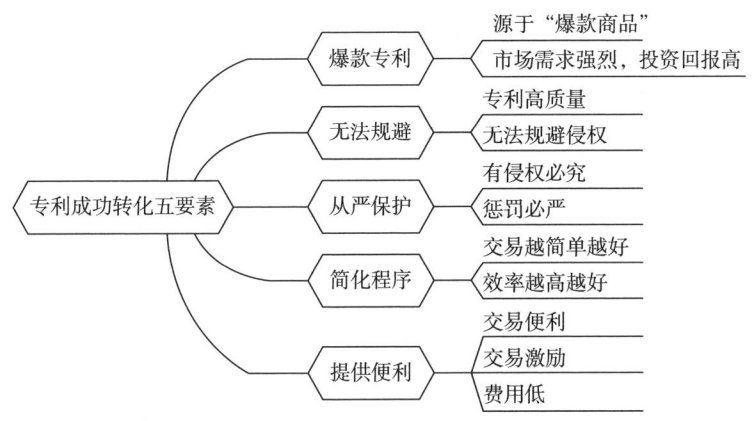

图1-4 专利成功转化五要素

爆款专利：有专利的爆款产品，小到自拍杆、平衡车，大到5G、区块链等。可以说，无爆款，不成交。

无法规避：专利权稳定性好、布局合理、保护范围广，让侵权者无路可走；否则，只能成为田间吓唬麻雀的"稻草人"，越"爆款"仿制者越多，而专利权人又无可奈何。

从严保护：让侵权者付出代价，没有严格的保护，一切都无从谈起。

简化程序：就是交易过程一定要简单，不能拖拖沓沓。交易内容也要简单，不能掖着藏着，让人措手不及。简单，甚至标准化运作使各方都轻松。

提供便利：就是国家方面为促成交易提供的撮合便利、政策便利。

详细内容将在后面章节详细说明。

三、开放许可顺势而为

现行《专利法》将开放许可作为特别许可的方式之一列入法律条文之中。

纵观整个新修改的《专利法》，涉及专利实施的主要条款有以下三处。

第一条　为了保护专利权人的合法权益，鼓励发明创造，推动发明创造的应用，提高创新能力，促进科学技术进步和经济社会发展，制定本法。

第十二条　任何单位或者个人实施他人专利的，应当与专利权人订立实施许可合同，向专利权人支付专利使用费。被许可人无权允许合同规定以外的任何单位或者个人实施该专利。

第六章　专利实施的特别许可。

上述三处中，第一条是《专利法》的立法宗旨；第十二条是关于实施许可的一般规定；第六章专利实施的特别许可，将开放许可列入特别许可之中，足见立法者对开放许可的重视和期待，期待在解决提高专利转化率方面能有所建树。

如果在几年前笔者也不看好开放许可模式，因为适合的环境尚不具备，尤其是法制环境。但今天情况不同了，尽管开放许可不一定实施后立竿见影，但至少使创新者对开放许可充满信心和期待。

为了进一步探究技术转化困难的成因，便于了解技术转化困难与开放许可制度、专利高质量发展之间的内在关系，笔者提出了专利转利率低的分析图，参见图1-5。

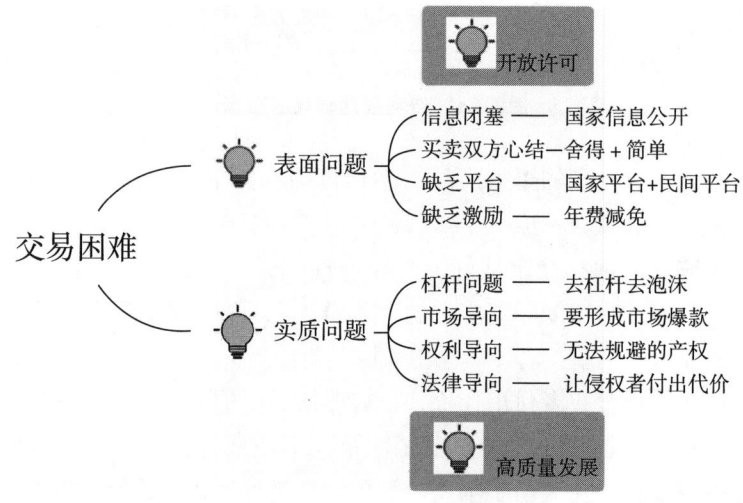

图1-5　专利转化率低的分析图

当前导致专利转化率低的原因可分为两个方面问题：一是表面问题；一个是实质性问题。

人们一谈起专利转化率低的问题，总是强调专利信息闭塞、信息不对称、缺乏平台、缺乏激励、买卖双方心结打不开等因素。当然，这些因素确实一定程度地存在，但不是根本原因，更不能成为专利转化率低的"替罪羊"。国家的专利公告定期公布，各地专利信息服务网站比比皆是，如果不去使用，就算建设再好的信息平台也是白费。事实是有关交易平台虽多，但专利转化始终活跃不起来。有关激励政策也不少，如果交易不成功，那些激励政策就用不上。倒是买卖双方的心结问题对交易影响很大。开放许可的推出将使专利转化率低的表面问题通通化解！因为开放许可可以提供以国家专利信息为基础的国家信息平台，具有公信力和权威性，不可谓没有平台，不可谓信息闭塞；国家权力机构依法介入部分交易环节，辨别专利信息的真假，审查专利许可声明内容的合法性，不可谓信息不真实；对于开放许可的专利实行年费减免、税收优惠和奖补政策，不可谓没有激励；通过法定开放许可方式，让交易双方程序更简单更方便、心结打开，实现合作共赢，不可谓对交易的不重视。

如果深度思考专利转化率低的问题，就会发现决定转化能否成功还是实质性问题。试想，基于政策杠杆的专利本来就不是真正的创新，只是获得一个美好的证书而已，何以谈转化！基于闭门造车没有充分市场调研而产生的专利，怎能满足市场的需求！专利文件的质量如同"皇帝的新装"似有还无，如同不设防的城堡，怎能经得起市场竞争的考验！法律如果不能让侵权者付出代价，又有多少人愿意创新！好在新修改的《专利法》实施及国家高质量发展的转变，让影响专利转化率低的实质问题得到破解。

正如前面笔者提出的"专利成功转化五要素"，因为新修改的《专利法》的实施正在一步一步地落实。

我们先看三个基础条件的满足情况。

"爆款专利、无法规避、从严保护"中：从严保护的立法修改已经完成，从严保护的舆论环境已经深入人心，从严保护的司法实践已经开始。高价值专利和"蓝天"行动❶就是要保证专利文件高质量，从而实现无法规避。高价值专利就是从创新源头抓起，不断产生对市场具有足够吸引力的高质量专利，也就是笔者所说的"爆款专利"。具备三个基础条件的专利，无论是开放许可还是其他方式的许可使用，都是受市场欢迎的。

再看一下两个促进条件的满足情况。

"简化程序，提供便利"：开放许可的引入，使得交易过程公开透明、合

---

❶ 2019 年，国家知识产权局印发《关于加快推进"蓝天"专项行动集中整治工作的通知》。该行动为期两年，对专利代理行业违法违规行为开展集中整治。

理合法、简单高效，符合程序简单的要件，可以改变过去谈来谈去效率低下的弊端。在开放许可的交易过程中，国务院知识产权行政部门介入提供交易平台，可以使交易更可信、更严谨；减免专利年费，可以实现交易的激励；行政部门介入解决交易纷争，可以为交易提供便利。

由此可见，我国开放许可的基本环境已经形成，是开放许可"一显身手"的时候了。2021 年 6 月 1 日开放许可隆重登场效果有待检验。对于专利权人，专利也许是众星捧月，收获满满；也许是静悄悄、无人问津。这个时候，专利权人应当好好反思："我的专利为什么没有人喜欢？"

四、开放许可的战略意义

新修改的《专利法》引入开放许可制度，无论是在政治、经济、文化和法制方面还是在科技创新、知识产权保护、知识产权交易等方面，都有非常重要的战略意义。虽然开放许可目前还看不到实际效果，甚至有些人认为仅仅是多一种许可方式而已，但是笔者相信若干年后其实际效果可能要比今天的预期要好。对当下的中国，开放许可的战略意义如图 1-6 所示。

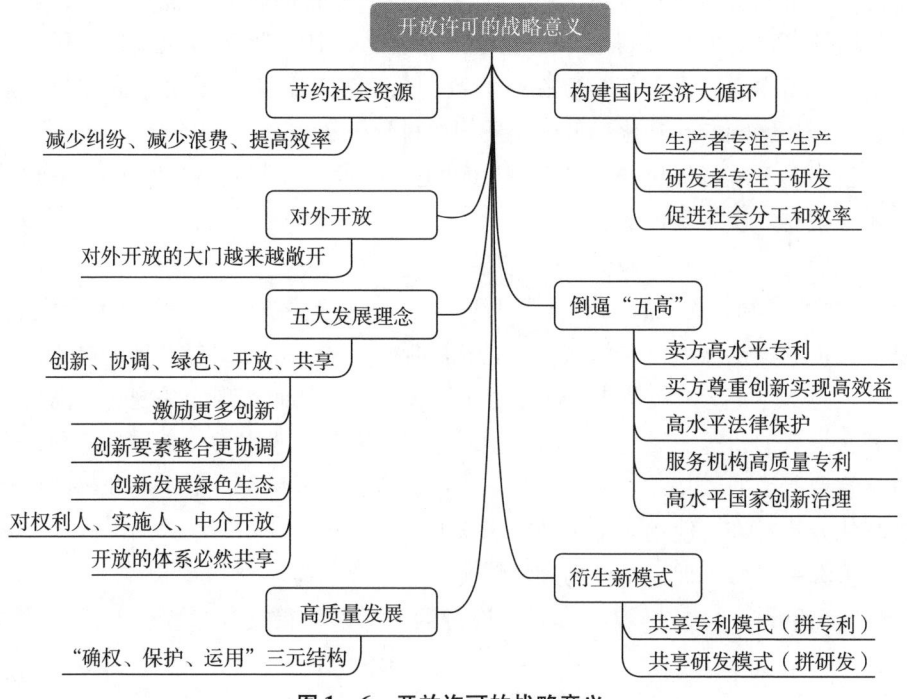

图 1-6　开放许可的战略意义

1. 表明中国的开放大门不会关闭，只会越开越大

2018 年 12 月 8 日，习近平总书记在庆祝改革开放 40 周年大会上的讲话指出："改革开放 40 年的实践启示我们：开放带来进步，封闭必然落后。中国的发展离不开世界，世界的繁荣也需要中国。"中国的知识产权制度也是这样，我们尊重知识产权，尊重发明人的创新成果，对知识产权从严保护；参照世界上先进的知识产权制度，为强化对知识产权的保护，我们在新修改的《专利法》中引入专利侵权惩罚性机制；为了促进专利技术转化，推动技术进步，我们在新修改的《专利法》中引入专利开放许可制度。这些都向世界表明，中国的开放大门不会关闭，只会越开越大。

2. 符合我国"创新、协调、绿色、开放、共享"的五大发展理念

党的十八届五中全会提出"创新、协调、绿色、开放、共享"的五大发展理念，为我国"十三五""十四五"乃至今后更长时期的发展指明方向。开放许可制度的实施，正是知识产权行业贯彻五大发展理念的具体体现之一。

开放许可制度可以促进专利技术转化，推动技术进步和社会发展，激励更多的创新主体进行创新。这是创新驱动发展的原动力。

开放许可通过专利技术交易，承载大众创新、万众创业体系的输出和输入，是国家科技体系供给侧和需求侧协调发展的重要内容之一。对于知识产权交易来说，无论是包括政府、权利人、实施方和知识产权服务组织在内的主体还是知识产权交易的客体，实施有效的开放许可制度都能够将诸多创新要素整合起来，使国家创新体系运行更为协调。

开放许可的有效运行能够激励创新、促进运用、减少纠纷、推动发展，形成绿色的知识产权发展生态。

开放许可制度不仅体现在中国在国际层面上的对外开放，还体现在国内专利交易生态系统的全面开放。面向所有的专利权人开放，开放的不仅是专利技术，还是中国创新供给侧的全部资源；面向所有的技术需求者开放，开放的不仅是技术的许可，还是公平竞争、百舸争流的创业环境；面向所有的知识产权服务者开放，开放的不仅是参与度，还是如何为开放许可交易系统添砖加瓦、助力赋能。

对于开放许可制度来说，一个开放体系必然是各交易主体共享的体系。

3. 符合知识产权高质量发展的理念

2020 年，习近平总书记在主持中共中央政治局第二十五次集体学习时强调，知识产权保护工作关系国家治理体系和治理能力现代化，关系高质量发

展，关系人民生活幸福，关系国家对外开放大局，关系国家安全。这是中央最高决策者对知识产权工作最重要的论断。

知识产权高质量发展是所有与知识产权相关人员的责任和担当。经过三十多年的发展，我国知识产权从初期注重"数量确权"的一元结构，发展到注重"确权"和"保护"二元结构，随着新修改的《专利法》的实施，必将转变为"确权""保护"和"运用"三元结构。❶

4. 专利开放许可对知识产权生态系统的影响

任何一项专利技术交易的成功，都需要买方（实施方）和卖方（专利权人）找到共同点并达成一致。然而买方和卖方的心理需求是不同的，这需要双方的让步，需要中介服务机构的撮合与帮助。专利开放许可知识产权生态系统的影响如下。

（1）有利于创新系统的社会分工，有利于营造国内经济大循环

专利开放许可有效运行后，专利交易将变得更加简单，有利于深化创新系统的社会分工。对于有研发优势的发明者来说，可以集中精力进行研发，多出高质量专利，而且不必为专利应用犯愁，也不必为出现侵权烦恼；对于有生产优势的实施方来说，可以集中精力搞生产，节省大量研发费用，降低研发风险。这种分工有利于营造国内经济大循环，并形成以国内大循环为主体、国内国际双循环相互促进的新发展格局，加快培育新形势下我国参与国际合作和竞争的新优势。

（2）倒逼交易双方形成共同诉求，促成交易

前面已经介绍"专利成功转化五要素"，现在我们再分析一下，开放许可为什么可以倒逼交易双方形成共同诉求，促成交易。买方和卖方的心理需求是有差异的。

对于买方来说，希望获得一个非常有市场的专利，并且是免费的，即"爆款专利＋专利不堪一击"。所谓爆款专利，就是市场非常需要、有较高投资回报的专利技术。没有爆款专利，实施方就无利可获；希望专利免费，要么通过仿制承担侵权风险，要么进行专利规避躲过侵权。

对于卖方来说，希望研发一个非常有市场的专利，通过专利交易获得研发回报，即"爆款专利＋无法规避"。没有爆款专利，研发成果就卖不出去。得不到法律的保护，再爆款的技术也无法获得应有的利益。

---

❶ 易继明. 专利法的转型：从二元结构到三元结构——评《专利法修订草案（送审稿）》第8章及修改条文建议 [J]. 法学杂志，2017，38（7）：41–51.

通过上述分析，开放许可成功的条件之一就是"爆款专利"，而"爆款专利"也是买卖双方共同的诉求。开放许可成功的条件之二就是无法规避的法律文件，也是专利技术交易最大屏障，买卖双方具有完全相反的诉求，即一方需要"无法规避"，一方希望"铠甲"不堪一击。

新修改的《专利法》实施倒逼买卖双方将完全相反的诉求趋于一致化。专利高质量发展可以构造牢不可破的"铠甲"，让侵权者无路可走；惩罚性赔偿机制成为悬在侵权者头上的"达摩克利斯之剑"，让侵权者不敢侵权；开放许可制度的施行，可以为实施人开启合法使用的便捷之门。多管齐下，促进交易市场健康发展。这也是国家一方面抓高质量专利发展、一方面加大保护力度的原因所在。

（3）倒逼服务机构提高服务水平

如前所述，促成交易成功的重要条件之一就是专利文件无法规避。随着专利权人的认知提高，没有形成有效保护的专利文件如同空中楼阁、雾里看花，对权利人危害极大。在行业内大家普遍认为，凡是经历过知识产权诉讼的企业，都变得更加成熟、更加重视知识产权，真可谓"不经一事，不长一智"。因此，这些专利权人会渐渐地改变过去对专利申请投入不足、管理不重视、不尊重专利服务人员的做法，对知识产权服务质量需求明显提升。

作为提供知识产权服务的一方，专利代理机构、专利代理师要不断提升业务能力和职业素养，要发扬工匠精神，多出专利精品，服务知识产权强国工程。这是一次重大转折和机遇：如果抓住，就可能得到迅速发展；如果失去，就可能被淘汰。

（4）节省大量社会资源

由于开放许可能有效促进成果转化，从而避免研发经费浪费和重复研发，因此创新要素得到有效配置，同时减少知识产权司法审判案件，减少专利无效行政案件，减少技术合同民事案件，节省大量司法和行政资源，提高创新主体工作成效，意义重大。

（5）可能衍生出专利交易和产学研结合的新模式

共享专利模式（拼专利）是在开放许可的基础上衍生而来的，只是主动发起者不是开放许可的专利权人，而是专利实施人。共享专利模式的大致过程是，对于列入开放许可中的专利，或者市场上任何一件专利，只要实施人喜欢，就可以发起拼专利，联合若干志同道合的实施人，基于共同的规则，与专利权人谈判，从而获得一种更优于专利开放许可方式的价格优势或其他优势。

共享研发模式（拼研发）也是在开放许可的基础上衍生而来的，只是在没有专利的情况下，通过拼研发形成专利，然后再按照开放许可的模式继续进行专利许可转化。共享研发模式的大致过程是，可以在某一个行业或者领域，先组织同业联盟或者围绕产业链组建上下游联盟，基于联盟的共同愿望和共同规则，由联盟按份出资，委托研发单位定制研发，联盟内的企业按照规则来实施，形成共享研发、抱团发展的拼研发模式。

关于共享专利模式和共享研发模式将在后面的章节详细介绍。

笔者认为，我国施行开放许可制度，无论是对于专利权人、实施人还是政府、服务机构以及社会环境，都是非常好的事情，可以用"五个有利于"来概括：①有利于专利权人——薄利多销、简化谈判、有精力再创新；②有利于实施人——众筹专利、降低成本、合法使用避免法律风险；③有利于政府——利于转化、利于创造、利于发展、营造和谐创新环境；④有利于服务机构——服务升级、高质量发展、回归本位；⑤有利于社会——激励创造、法制环境、经济发展、社会进步。

第四节　开放许可与相关概念的区分

为了进一步界定开放许可的内涵，前面我们试图由内及外地了解了开放许可的内在特质。本节我们试图从另外一个视角，即开放许可与相关概念之间的相互关系，例如与强制许可、默示许可等概念之间的差异，从而更好地理解开放许可。

一、开放许可与强制许可

强制许可制度也称非自愿许可制度，是指一国专利主管机关根据一定条件，不经专利权人的同意准许他人实施发明或者实用新型专利的一种法律制度。由于强制许可并非出自专利权人的自愿授权，所以对于专利权人来讲，强制许可是一种权利限制。❶ 开放许可是专利权人的一种自愿行为，没有任何强制性。我国新修改的《专利法》将强制许可制度和开放许可制度纳入同一"特别许可"范畴，从逻辑上来看，是非常清晰的。

---

❶ 周长玲. 谈专利法中的强制许可制度 [J]. 知识产权，2003 (6)：46-48.

强制许可制度中的专利涉及发明和实用新型，不涉及外观设计；而开放许可制度对专利类型没有限制，任何授权专利都可以。强制许可属于国际公约中约定的内容；而开放许可则是在部分国家法律中引入的内容，并没有国际法上的渊源。

有关强制许可制度最早见于《巴黎公约》第 5 条 A 款第 2 项的规定："本联盟各国都有权采取立法措施规定授予强制许可，以防止由于行使专利所赋予的专有权而可能产生的滥用，例如：不实施。"《巴黎公约》虽然把"不实施专利"作为专利权人滥用权利的行为，但是并没有对什么是"实施"作出解释，各成员国可以在国内法中规定实施的定义。发展中国家大多主张专利权人有义务在授予其专利的国家实施专利，而且对实施的定义限定于制造专利产品和使用专利方法，进口专利产品不是实施。而发达国家则担心发展中国家以强制许可作为一种武器来维护其自身的利益，削弱对专利权的保护，从而影响发达国家的利益。从这一立场出发，早在 20 世纪 70 年代酝酿对《巴黎公约》进行修改时，发达国家就积极主张严格限制强制许可的条件，尤其要取消"进口"不是实施方式的提法。它们认为，不必要求专利权人必须在授权国自己制造专利产品或使用专利方法，只要其将制造的专利产品或使用专利方法制造的产品进口到授权国，就应认为其已实施专利。由此看来，发达国家和发展中国家的观点是大相径庭的。

由于发达国家和发展中国家观点和立场有严重分歧，一直都没能达成协议。但是，在《关税及贸易总协定》（General Agreement on Tariffs and Trade，GATT）乌拉圭回合谈判中，发达国家的主张被采纳并最终体现在 TRIPS 中。TRIPS 第 31 条，对授予强制许可作了十分详细的规定和限制。特别是 TRIPS 第 27 条规定，专利权人的权利不得因发明地点不同、技术领域不同以及产品系进口或者系本地制造之不同而给予歧视。也就是说，专利权人进口专利产品和专利权人在本地制造专利产品应一视同仁，从而明确排除了以未在本地制造、使用为理由而批准强制许可的可能性。但是 TRIPS 第 31 条并没有以专利技术的实施与否作为批准强制许可的条件，而在 TRIPS 第 31 条 b 项中规定了未经权利持有人许可的其他使用，即只有在使用前，意图使用之人已经努力向权利持有人要求依合理的商业条款及条件获得许可，但在合理期限内未获得成功，方可允许这类使用。这表明强制许可制度的设立从当初主要是为了防止专利权人滥用权利（指不实施），转变为主要从维护国家利益和公共利益、促进专利技术的推广应用出发而采取的一种保障措施。

我国新修改的《专利法》第六章将强制许可制度纳入专利实施的特别许可中，涉及强制许可的法条共 11 条，其中第五十三条至第五十七条共列举触发强制许可的五种情形。

第五十三条　有下列情形之一的，国务院专利行政部门根据具备实施条件的单位或者个人的申请，可以给予实施发明专利或者实用新型专利的强制许可：（一）专利权人自专利权被授予之日起满三年，且自提出专利申请之日起满四年，无正当理由未实施或者未充分实施其专利的；（二）专利权人行使专利权的行为被依法认定为垄断行为，为消除或者减少该行为对竞争产生的不利影响的。

该法条给出强制许可的第一种情况，即因第三人的申请而触发强制许可的情形。

第五十四条　在国家出现紧急状态或者非常情况时，或者为了公共利益的目的，国务院专利行政部门可以给予实施发明专利或者实用新型专利的强制许可。

该法条给出强制许可的第二种情况，即因国家紧急状态、非常情况和公共利益而触发强制许可的情形。

第五十五条　为了公共健康目的，对取得专利权的药品，国务院专利行政部门可以给予制造并将其出口到符合中华人民共和国参加的有关国际条约规定的国家或者地区的强制许可。

该法条给出强制许可的第三种情况，即因公共健康而触发强制许可的情形。

第五十六条　一项取得专利权的发明或者实用新型比前已经取得专利权的发明或者实用新型具有显著经济意义的重大技术进步，其实施又有赖于前一发明或者实用新型的实施的，国务院专利行政部门根据后一专利权人的申请，可以给予实施前一发明或者实用新型的强制许可。

在依照前款规定给予实施强制许可的情形下，国务院专利行政部门根据前一专利权人的申请，也可以给予实施后一发明或者实用新型的强制许可。

该法条给出强制许可的第四种情况，即交叉强制许可的情形。

第五十七条　强制许可涉及的发明创造为半导体技术的，其实施限于公共利益的目的和本法第五十三条第（二）项规定的情形。

该法条给出强制许可的第五种情况，即涉及半导体技术强制许可的情形。

新修改的《专利法》第五十八条至第六十三条主要是围绕以上条款所作

出的程序性、解释性及救济途径等方面的规定。这些条款不是本书的重点内容，在此不作过多描述。

实际上，专利强制许可的数量很少。尽管如此，各国也从立法的角度乐此不疲地对强制许可制度进行规定。这既体现国家主权独立性，也作为一种国际博弈的战略手段，一旦需要，即有法可依。而开放许可更倾向于一国内部为促进专利实施而施行的激励性许可保障制度，被重视程度显然不及强制许可。

目前，尚未检索到中国专利强制许可的案例，但是中国的专利强制许可呼声最高的行业为制药行业。2018 年 7 月 5 日在中国上映的一部电影《我不是药神》，再次将专利强制许可推上舆论的浪尖。治疗白血病的特效药"格列宁"在印度可以仿制，而在中国因为受中国《专利法》保护而不能仿制生产，即使进口药价奇高，中国也没有签发专利强制许可，可见中国专利制度对于专利强制许可，不管专利权人是中国人还是外国人都是谨慎和负责任的，但是这也加重了中国这类病人的负担。在《救命药强制许可的中国困境》一文中提出"公众有权获得所需药品，他们不应该因为过高的价格而被拒之门外。"这是全球最大的从事国家医疗人道救援的非政府组织"无国界医生""病者有其药"项目中国区负责人陈又丁的建言。他力推中国以公共利益为由颁发药品专利实施强制许可，生产和进口相应的廉价仿制药品，有效解决公共健康问题。❶ 为此，新修改的《专利法》第五十五条给出因公共健康而触发强制许可的情形，以尊重人们的生命权。

二、开放许可与默示许可

默示许可并不单单涉及"专利"，其在民事法律领域也是一项普遍性原则。作为民法上的核心概念，"意思表示"包括明示和默示两种类型。明示法律行为是指行为人以口头、书面或其他可为对方直接了解的方式明确作出的意思表示。例如，专利开放许可必须由权利人自愿提出，并且明确许可条件，此即是明确的意思表示。默示法律行为是指民事主体不用语言、文字等方式直接表达其内在意思，而是以实施某种行为或不实施某种行为间接地依法律规定、约定、习惯或常理推知其意思的表示形式。❷ 例如，专利默示许可是相对于专利明示许可的一种许可方式，即专利权人针对实施专利技术表现出来的一种默

---

❶ 谌彦辉. 救命药强制许可的中国困境 [EB/OL]. (2017 – 02 – 13) [2021 – 01 – 22]. https：//max. book118. com/html/2017/0213/91102856. shtm.

❷ 袁真富. 知识产权默示许可制度比较与司法实践 [M]. 北京：知识产权出版社，2018：5.

示，使实施人信赖从专利权人的行为中推出默示。这一方式既区别于签订许可使用合同的一般许可使用，也有别于专利开放许可的明示性。

我国《专利法》关于默示许可并没有明确的规定，只是有零星的司法解释和个别的案例实践。在我们的实际生活中，还是会涉及一些专利默示许可的，例如，专利产品平行进口中的默示许可问题。只是这些问题要么需要个案认定，要么理论上还没有形成共识，也不是本书研究的重点，读者如果感兴趣，可以自行学习研究。读者可以这样理解，中国专利许可制度还是要求专利权人进行明确许可，原则上不承认专利默示许可。

三、开放许可与标准必要专利

根据国际上一些标准化组织的定义，标准必要专利是指"经技术标准体系认定是该技术标准体系所必不可少的一项技术，且该技术是一项专利技术而被专利权人所独占"。2013 年 12 月 19 日，我国《国家标准涉及专利的管理规定（暂行）》出台，其中第四条规定，国家标准中涉及的专利应当是必要专利，即实施该项标准必不可少的专利。这是我国涉及标准必要专利最明确的表述。

《国家标准涉及专利的管理规定（暂行）》第九条规定：

国家标准在制修订过程中涉及专利的，全国专业标准化技术委员会或者归口单位应当及时要求专利权人或者专利申请人作出专利实施许可声明。该声明应当由专利权人或者专利申请人在以下三项内容中选择一项：

（一）专利权人或者专利申请人同意在公平、合理、无歧视基础上，免费许可任何组织或者个人在实施该国家标准时实施其专利；

（二）专利权人或者专利申请人同意在公平、合理、无歧视基础上，收费许可任何组织或者个人在实施该国家标准时实施其专利；

（三）专利权人或者专利申请人不同意按照以上两种方式进行专利实施许可。

实际上，可供专利权人或者专利申请人选择的只有第（一）项和第（二）项。如果选择第（三）项，则国家标准不得包括基于该专利的条款，意味着含有必要专利的国家标准就要停止修订或者放弃使用必要专利。

该规定的第十一条、第十二条又分别规定了涉及专利的国家标准草案报批时及国家标准发布后，一旦发现未获得专利权人或者专利申请人根据《国家标准涉及专利的管理规定（暂行）》第九条第（一）项或者第（二）项规定作出的专利实施许可声明的，除国家强制性标准外，国家标准草案将不予批准发布或者国家标准草案不予批准发布。

　　在标准必要专利与开放许可的概念之间，既存在很多相同点也有很多区别。事实上，在专利权人或者专利申请人根据《国家标准涉及专利的管理规定（暂行）》第九条第（一）项或者第（二）项规定作出的专利实施许可声明后，两者在专利实施上与开放许可的相同点更多。下面以表格的方式将开放许可与标准必要专利的关系进行一对一的比较（这个表格并不是两者关系的全部），如表 1-1 所示。

表 1-1　开放许可与标准必要专利的比较

	开放许可	标准必要专利
依据	2020 年新修改的《专利法》	2013 年《国家标准涉及专利的管理规定（暂行）》
相关目的	鼓励创新和技术进步，促进专利有效实施	鼓励创新和技术进步，促进国家标准合理采用新技术，保障国家标准的有效实施
是否自愿	自愿性	自愿性
原则	公平、合理、无歧视	公平、合理、无歧视
涉及专利	授权专利	授权专利和专利申请
许可性质	普通许可	普通许可
被许可人	任何单位或个人	任何组织或者个人
提出声明	必须提出开放许可声明	专利权人或者专利申请人作出专利实施许可声明
主管部门	国务院专利行政部门	相关全国专业标准化技术委员会或者归口单位
公告或公示	国务院专利行政部门公告即开放许可要约生效	公示期为 30 天；依申请，公示期可以延长至 60 天
许可使用费	收费或免费权利人完全自决；使用费可以协商	收费、免费只能择一；使用费可以协商
许可期限	在专利有效期内许可期限长短由权利人决定	受专利有效期和标准有效期的影响，权利人无法自主决定
许可声明撤回	可以撤回声明，但不影响已经生效的实施许可合同	不可撤回
撤回后再申请	没有限制（《专利法》未明确）	不可撤回
许可使用期间的转让	可以转让，事先告知受让人该专利实施许可声明的内容，并保证受让人同意受该专利实施许可声明的约束（《专利法》未明确）	可以转让，事先告知受让人该专利涉及标准必要专利的内容，并保证受让人同意受该专利实施许可声明的约束

四、开放许可与失效专利

所谓失效专利，就是已经丧失专利权，不为法律所保护的专利。其中，失效的原因有多种，可以是专利权人的主动放弃行为，例如技术已经落后、没有市场价值的专利；也可能是被动的行为，例如专利权被宣告无效；还有一种情况就是专利权人怠于履行法律义务，不按时缴纳年费而失效的专利。对于失效专利，任何人都可以随意使用，但需要提醒失效专利的使用者，应做好专利分析，防止一件失效专利的背后可能存在一件或多件有效专利，甚至落入专利权人以失效专利为诱饵的"专利陷阱"。

失效专利与开放许可存在何种关系呢？

1. 专利权的有效性

失效专利自然是专利权已经不存在，不需要取得许可，任何人均可使用；而开放许可的专利权仍然存在，需要取得专利权人的许可。

2. 使用该技术的主动权

无论是失效专利还是开放许可，对于技术的使用方来说，都需要慎重评估该技术对自己的作用。是否使用该技术完全由自己决定，没有人强迫。

3. 是否缴纳使用费

如前所述，失效专利当然是免费的；而开放许可一般都是收费的，只是较通常的许可实施方式费用偏低一些。当然，不排除有的开放许可是免费的（法律上并没有禁止），在开放许可是免费的情况下，除了专利权的有无，失效专利与开放许可的相同点更多。

五、开放许可与专利开放、专利免费

开放许可是新修改的《专利法》中出现的一个法律术语，有其特定内涵，前面我们已经讨论。

专利开放属于非法定术语，习惯上也称为"专利开源"。它是指专利权人将其已经授权的一项或者一组专利开放给公众善意使用，在一定时间内或专利权的有效期内免费使用且免于被起诉的行为。专利开放或者称为有条件开放，这种条件通常是不公开的，使得专利权人在被许可人方面具有选择权，而不是普适性的。专利开放可以认为是专利默示许可的"公开化"。

专利开放放弃的是约定条件下使用费的收取，放弃的是起诉权。但专利权并没有被放弃，专利权人的核心竞争力并没有放弃。

　　凡专利开放者均有其战略目的，或为放水养鱼，或为借力发力，或为抛砖引玉，或为欲擒故纵。例如，特斯拉将其拥有的电动车专利对善意使用者开放，是为了借力发力将市场做大，更为了其具有核心优势电池领域更大发展；沃尔沃开放安全带专利是为了印证其一贯倡导的安全理念而放水养鱼；丰田汽车开放混合动力汽车专利23740项，似乎是雾里看花，其专利免费开放是附条件的，并不是任何人和任何单位想用就用的，有其战略目的。

　　同样，国内山东的两家企业也在学习世界上先进公司的做法，例如，海尔空调宣布自2019年3月1日起对自清洁六大核心专利进行书面免费许可，业内企业联系海尔签订免费许可协议即可使用，通过这一方式，推动我国健康空调的快速普及。❶

　　2020年3月11日，圣泉集团免费开放许可15项口罩相关专利，牵头筹建卫生防护用品知识产权联盟；企业、科研院所等可登录圣泉集团"官网"或"微信公众号"获取"口罩在线驻极增效处理"专利（申请）许可，申请加入联盟。❷

　　上述无论是特斯拉、沃尔沃、丰田，还是海尔、圣泉集团，它们的模式几乎是相同的，即有条件免费开放许可，非专利法意义上的"开放许可"。尽管如此，这是一个趋势，为越来越多的企业所利用。对于技术使用者而言，应相信"世上没有无缘无故的爱，更没有无缘无故的恨"，可以通过专利导航和分析，有效地利用其"精华"，规避其"风险"。

---

❶ 李景鑫. 海尔空调：自清洁专利免费许可开放［EB/OL］.（2019 - 03 - 01）［2021 - 02 - 01］. http：//xx. sdnews. com. cn/xx/201903/t20190301_2519740. htm.

❷ 戴升宝. 圣泉集团开放许可15项口罩产业链企业均可免费使用［N/OL］. 2020 - 03 - 11 ［2021 - 02 - 01］. https：//sd. ifeng. com/a/20200311/13705883_0. shtml.

第二章 专利开放许可的法律基础

2020年10月17日，第十三届全国人民代表大会常务委员会第二十二次会议通过《全国人民代表大会常务委员会关于修改〈中华人民共和国专利法〉的决定》。其中，将《专利法》第六章修改为"专利实施的特别许可"，既与国际规则接轨，保留原有的强制许可制度，又根据我国市场主体和创新主体的需求，参考国外立法，新增开放许可的相关条款，丰富专利实施许可的类型与方式。❶

第一节 《专利法》规定的开放许可

到2021年7月为止，我国开放许可制度的法律渊源主要有三项：《专利法》《专利法实施细则建议（征求意见稿）》和国家知识产权局制定的《关于施行修改后专利法的相关审查业务处理暂行办法》。

一、《专利法》中涉及开放许可的规定

新修改的《专利法》关于专利开放许可的规定包含三个条款。

第五十条 专利权人自愿以书面方式向国务院专利行政部门声明愿意许可任何单位或者个人实施其专利，并明确许可使用费支付方式、标准的，由国务院专利行政部门予以公告，实行开放许可。……

专利权人撤回开放许可声明的，……并由国务院专利行政部门予以公告。……

该条规定了专利权人开放许可声明及其生效的程序要件。

第五十一条 任何单位或者个人有意愿实施开放许可的专利的，以书面方

---

❶ 王淇. 专利法修改专家谈——以开放许可制度促专利运用［EB/OL］.（2020－12－03）［2021－02－21］. https：//www.sohu.com/a/436108281_120209831.

式通知专利权人，并依照公告的许可使用费支付方式、标准支付许可使用费后，即获得专利实施许可。

开放许可实施期间，对专利权人缴纳专利年费相应给予减免。

实行开放许可的专利权人可以与被许可人就许可使用费进行协商后给予普通许可，但不得就该专利给予独占或者排他许可。

该条规定了被许可人获得开放许可的程序和权利义务。其中，年费减免从何时开始是一个重要节点，对开放许可影响较大。如果是从开放许可声明公告之日起，则会提高广大专利权人的积极性；如果是从第一份开放许可实施合同起，则大量专利享受不到年费减免激励，谁也不知道第一份开放许可实施合同何时能够签订，由此必然造成专利权人对专利开放许可优惠政策的落实产生困惑，也会挫伤专利权人对开放许可制度的信心。因此，对于年费减免开始时间，需要有权部门给予适当形式的立法解释、司法解释或行政解释。笔者建议，从开放许可声明公告日起，激励更多的专利权人参与开放许可。

第五十二条 当事人就实施开放许可发生纠纷的，由当事人协商解决；不愿协商或者协商不成的，可以请求国务院专利行政部门进行调解，也可以向人民法院起诉。

该条明确了争议的解决路径。

二、《专利法实施细则修改建议（征求意见稿)》涉及开放许可的规定

《专利法实施细则》截至 2021 年 7 月修订工作尚在进行，还未完成发布。国家知识产权局条法司于 2020 年 11 月 27 日发布的《专利法实施细则修改建议（征求意见稿)》内容可供读者参考，以期了解在开放许可实施细则方面的立法方向。

第五章 专利实施的特别许可

新增第七十二条之二 专利权实施开放许可的，专利权人应当在该专利权的授予被公告后，向国务院专利行政部门提交开放许可声明。

共有人就共有专利权提出或者撤回开放许可声明的，应当取得全体共有人的同意。

开放许可声明应当写明以下事项：

（一）专利号；

（二）专利权人的姓名或者名称；

（三）专利许可使用费支付方式和标准；

（四）专利许可期限；

（五）其他需要明确的事项。

开放许可声明内容应当准确、清楚，不得出现明显商业性宣传用语。

新增第七十二条之三　实施开放许可的专利权有下列情形之一的，不予公告开放许可声明：

（一）专利权处于独占或者排他许可有效期限内且许可合同已经备案的；

（二）因专利权的归属发生纠纷或者人民法院裁定对专利权采取保全措施而中止的；

（三）专利权处于年费滞纳期的；

（四）专利权被质押，未经质押权人许可的；

（五）其他不予公告的情形。

国务院专利行政部门发现已经公告的开放许可声明不符合相关规定的，应当及时公告撤回，同时通知专利权人和已备案的被许可人。

该条款主要规定开放许可声明不予公告的五种情况以及补救措施等。

新增第七十二条之四　专利权人撤回开放许可声明的，应当提交撤回开放许可声明请求，撤回声明自公告之日起生效。

该条主要规定撤回开放许可声明程序及生效时间。

新增第七十二条之五　双方当事人任何一方可以在开放许可实施合同生效之日起，凭能够证明开放许可实施合同生效的书面文件向国务院专利行政部门备案。

该条主要规定开放许可实施合同备案要求。关于开放许可实施合同备案的效力，在《专利法实施细则修改建议（征求意见稿）》第十四条中给予规定。

第十四条　除依照专利法第十条规定转让专利权外，专利权因其他事由发生转移的，当事人应当凭有关证明文件或者法律文书向国务院专利行政部门办理专利权转移手续。

专利权人与他人订立的专利实施许可合同，应当向国务院专利行政部门备案，未经备案不得对抗善意第三人。

以专利权出质的，由出质人和质权人共同向国务院专利行政部门办理出质登记。

新增第七十二条之六　国务院专利行政部门应当建设专利信息公共服务平

台，完善全国专利信息服务网络，提供专利信息基础数据，培养专利信息人才。除专利法规定需要保密之外，专利信息基础数据由国务院专利行政部门通过建立内容完整、格式规范的数据库，以互联网等多种方式提供。

该条主要规定政府的公共服务职能。

三、国家知识产权局《关于施行修改后专利法的相关审查业务处理暂行办法》涉及开放许可的规定

由于《专利法实施细则》尚在修改过程中，为保障新修改的《专利法》的施行，国家知识产权局制定并发布的《关于施行修改后专利法的相关审查业务处理暂行办法》自 2021 年 6 月 1 日起施行。专利申请人、专利权人或者相关当事人可以按照该办法的规定，办理相关业务，并同日公布办理开放许可的表格，如表 2-1 和表 2-2 所示。

表 2-1 专利开放许可声明

专利开放许可声明编号（本框由国家知识产权局填写）		
①专利信息	专利号：	授权公告日：
	发明创造名称：	
	专利权人：	
②专利代理机构	名 称：	机构代码：
	代理人姓名：	电 话：
③专利权人承诺符合开放许可声明条件	1. 本专利不在专利独占实施许可或者排他实施许可有效期限内； 2. 许可任何单位或个人实施本专利； 3. 专利权在开放许可实施期间内，专利权人保证维持专利权有效； 4. 专利权人属于中国内地单位或个人，以开放许可方式技术出口的，按照《中华人民共和国技术进出口管理条例》和《技术进出口合同登记管理办法》的规定办理相关手续； 5. 专利权人承诺以上信息属实，是专利权人的真实意思表示	
④自行实施专利的情况	□ 未自行实施专利技术 □ 已自行实施专利技术，自行实施专利技术的时间____范围____方式____	
⑤许可他人实施专利的状况	□ 未许可他人实施专利 □ 已许可他人实施专利，许可他人实施专利的时间____许可他人实施专利的范围____	
⑥许可期限	许可期限届满日____年____月____日	

⑦许可使用费标准及支付方式	□ 采用入门费和提成费相结合的方式，其中入门费为＿＿元，提成费按当年度合同产品净销售额的＿＿％提取
	□ 采用一次总付的方式，在合同生效后＿＿日内一次性全额支付所有使用费＿＿元
	□ 采用总付额内分期支付的方式，在合同生效后＿＿日内支付第一批次＿＿元，后在每个会计□月份/□季度/□年度截止前的＿＿日内，分＿＿批次支付，每次支付＿＿元。包括第一次在内总共支付＿＿次，共计＿＿元
	□ 其他明确合理的许可使用费标准
⑧其他约定事项	
⑨许可人联系方式	收件人姓名：　　　　　地址：
	邮编：　　　　电话：　　　　电子邮件：
⑩专利权人或代理机构签章：	

注意事项

一、本表应当使用中文填写，字迹为黑色，文字应当打字或印刷，提交一式一份。

二、本表第①栏所填内容应当与该专利申请请求书中内容一致。其中，专利权人应填写全体专利权人。如果该专利办理过著录项目变更手续，应当按照国家知识产权局批准变更后的内容填写。

三、本表第②栏应当填写经由国家知识产权局批准并在工商行政管理机关注册的专利代理机构名称，写明机构代码，并指定专利代理师。如果未委托专利代理机构，第②栏不填写。

四、本表第③栏为许可方应当承诺的内容，作出不实承诺提出开放许可声明的，国家知识产权局查实后将予以公告撤回。情节严重的，将列入专利领域严重失信联合惩戒对象名单。涉嫌犯罪的，移送司法机关处理。

五、本表第④⑤⑦栏应当从备选项中选择一项，不得多选。

六、本表第⑥栏许可期限届满日不能超过专利期限届满日。

七、委托专利代理机构的，第⑩栏由专利代理机构盖章。第⑩栏中代理机构盖章或者代表人盖章的，需要同时提交全体专利权人签字或者盖章的同意开放许可的声明。

表 2 - 2　同意开放许可的声明

<table>
<tr><td align="center">**同意开放许可的声明**</td></tr>
<tr><td>　专利权人知晓并认可专利开放许可声明的内容，同意对专利（专利号：　　　　　　　）实行开放许可。全体专利权人共同声明如下：
　1. 本专利不在专利独占实施许可或者排他实施许可有效期限内；
　2. 许可任何单位或个人实施本专利；
　3. 专利权在开放许可实施期间内，专利权人保证维持专利权有效；
　4. 专利权人属于中国内地单位或个人，以开放许可方式技术出口的，按照《中华人民共和国技术进出口管理条例》和《技术进出口合同登记管理办法》的规定办理相关手续；
　5. 专利权人承诺以上信息属实，是专利权人的真实意思表示。

　　　　　　　　　　　　　　　　　　　　专利权人：
　　　　　　　　　　　　　　　　　　　　签章
　　　　　　　　　　　　　　　　　　　　日期：　　年　月　日</td></tr>
</table>

经过比较分析我们发现，办理开放许可的表格所要求的内容与新修改的《专利法》是相吻合的，但与《专利法实施细则修改建议（征求意见稿）》并不全部一致，例如在表 2 - 1《专利开放许可声明》之③专利权人承诺符合开放许可声明条件之一"本专利不在专利独占实施许可或者排他实施许可有效期限内"，与《专利法实施细则修改建议（征求意见稿）》新增第七十二条之三不予公告开放许可声明之"专利权处于独占或者排他许可有效期限内且许可合同已经备案的"的描述并不完全相同，其他方面也有差别。因此，笔者基本可以断定，《专利法实施细则》只要没有颁布，其内容就存在变化；而在《专利法实施细则》颁布后，有关开放许可的表格也将发生变化。

对于国家知识产权局提供的《专利开放许可声明》表格来说，笔者认为，整体考虑全面，能够涵盖开放许可的各种变化，但是该表格在实际操作过程中显然还有诸多不足。

1.《专利开放许可声明》不应增加专利权人的额外义务

《专利开放许可声明》在专利实施许可合同中属于合同成立要约的一部分，实施人一旦承诺，专利实施许可合同即告成立。既然《专利开放许可声明》作为合同的一部分，专利权人就要履行其上所列权利义务，表中"④自行实施专利的情况"和"⑤许可他人实施专利的状况"不应当成为专利权人关于开放许可声明的义务，法律上也没有明确的规定。既如此，一旦列入开放许可声明的内容发生变化或者不实，则实施人可依诚实信用原则主张专利权人违约。

《专利开放许可声明》在"⑤许可他人实施专利的状况"一栏，既无必要也无法填写，例如对于一项有效的专利，在开放许可前已经普通许可给10位实施人，实施专利的时间和范围也不相同，此时如何填表。

对于开放许可而言，由于具有普通许可的属性，在之前，是否存在普通许可，对后续普通许可影响并不明显。

2. 《专利开放许可声明》还需要大胆创新

例如，表中"④自行实施专利的情况"和"⑤许可他人实施专利的状况"均有"许可他人实施专利的范围"。这是"教科书式"的约定。在实际操作中，"许可他人实施专利的范围"内涵不清，是指代地域范围，还是指代制造、销售、许可销售、使用或进口？在实际操作中，指定或者约定实施区域的许可，给专利权人带来的往往是麻烦，因为专利权人几乎没有精力监控跨区域销售，也几乎没有能力处理跨区域销售，与其管控不住，不如放任不管。专利权人放权，实施人自由竞争，倒是一个好办法。

再如，表中"⑦许可使用费标准及支付方式"，除了"采用一次总付的方式，在合同生效后____日内一次性全额支付所有使用费"外，其他支付方式基本又回到普通许可的原型。如果是这样，开放许可与否也就无所谓了。即使采用一次总付的方式，也与交易实践有很大的差距，对于开放许可而言，让实施人一次付几年的使用费是不现实的。

又如，表中"⑨许可人联系方式"，如果在开放许可声明公告后公开，虽然可以增加交易机会，但随之而来的是一波接一波的骚扰或者个人信息被滥用。

再如，《专利开放许可声明》罗列的内容这么详细，国家知识产权局在进行开放许可时都进行审查，不仅增加审查工作量，增加自己的责任，还干涉买卖双方的交易自由。

3. 《专利开放许可声明》内的逻辑关系

如前所述，《专利开放许可声明》在成交后属于合同的一部分，该表第③栏为许可方应当承诺的内容与其他部分之间是什么关系？作出不实承诺提出开放许可声明的，国家知识产权局查实后将予以公告撤回；情节严重的，将列入专利领域严重失信联合惩戒对象名单；涉嫌犯罪的，移送司法机关处理。该规定的法律依据是什么？因此，实操方面必然产生冲突。

4. 关于《同意开放许可的声明》

表2-1《专利开放许可声明》和表2-2《同意开放许可的声明》内容上存在重复现象，不符合交易简单的原则。如果开放许可的专利权人没有委托代理机构，则表2-1《专利开放许可声明》第⑩栏由专利权人签章。在多个专利权人此处仅有代表人签章的情况下，要求提供由全体专利权人签章的表2-2《同意开放许可的声明》并不过分，但为何在表2-2《同意开放许可的声明》中只是突出表2-1《专利开放许可声明》的一部内容而不是全部？这在实践中会导致适用表格及法律效力上的困惑的全部内容？如果委托代理机构，因为有全体专利权人签署的委托书，则要求提供《同意开放许可的声明》更显得多余。

四、开放许可的法律关系

法律关系是法律在调整人们行为的过程中形成的特殊的权利和义务关系。或者说，法律关系是指被法律规范所调整的权利与义务关系。法律关系是以法律为前提而产生的社会关系，没有法律的规定，就不可能形成相应的法律关系。法律关系是以国家强制力作为保障的社会关系，当法律关系受到破坏时，国家会动用强制力进行矫正或恢复。❶

在新修改的《专利法》之第六章"专利实施的特别许可"中引入开放许可制度后，必然产生基于开放许可的法律关系。充分认识、理解开放许可法律关系对开放许可实践运营有重要的指导作用。由于任何法律关系均由三要素构成，即法律关系的主体、客体和内容，因此本章着重阐述开放许可法律关系主体、客体和内容，以便使开放许可制度为更多社会公众所知悉，让更多的专利权人、专利实施人等参与进来，促进更多的创新成果应用，满足当前高质量发展所需要的技术驱动。

尽管开放许可可以分为广义的开放许可和狭义的开放许可，但在本章，为了不使概念混乱，仅介绍狭义的开放许可（法定开放许可）。

❶ 舒国滢. 法理学导论［M］. 2版. 北京：北京大学出版社，2012：147-148.

第二节　开放许可法律关系主体

法律关系主体是法律关系的参加者，是指参加法律关系、依法享有权利和承担义务的当事人。即在法律关系中，一定权利的享有者和一定义务的承担者。在每一具体的法律关系中，主体的多少各不相同，大体上都属于相对应的双方：一方是权利的享有者，成为权利人；另一方是义务的承担者，成为义务人。

开放许可法律关系主体涉及三类——专利权人、政府部门和专利实施人。

一、专利权人

专利权人是享有专利权的主体，可以是单位或个人。专利权的取得包括原始取得和继受取得。原始取得主要指通过创新活动取得的发明创造在申请专利后获得专利权。继受取得又称"传来取得"，通过一定法律行为或其他法律事实，从原所有人那里受让所有权的取得方式。例如，专利权转让、专利权赠予等均属于继受取得。

开放许可的专利权人在新修改的《专利法》中均表述为专利权人，这就排除了专利未授权的专利申请人成为开放许可法律关系主体的情形。《专利法实施细则修改建议（征求意见稿）》新增第七十二条之二明确规定，专利权人应当在该专利权的授予被公告后，向国务院专利行政部门提交开放许可声明，该表述与新修改的《专利法》表述是基本一致的。

由于专利权存在多人共有的情况，共有人就共有专利权提出或者撤回开放许可声明的，应当取得全体共有人的同意。

专利权人不是固定不变的，在开放许可实施过程中，可能存在专利权人的变更情况。在开放许可实行的三个阶段都有可能发生。这三个阶段分别是在国务院专利行政部门对开放许可声明公告前、公告后至专利实施人作出承诺的开放许可实施合同生效前、开放许可实施合同生效后。目前，法律没有给出明确的指引，以笔者的理解，前两个阶段应当撤回开放许可声明，由变更后的专利权人重新提交新的开放许可声明，否则审查将不予通过。后一种情况按照"买卖不破租赁"原则可以继续履行开放许可实施合同，直至开放许可期限届满。

二、政府部门

政府部门作为开放许可的主体，主要指国务院专利行政部门。

国务院专利行政部门主要职责：①接受专利权人提出的开放许可声明或接受撤回开放许可声明，经过审查后对符合条件的予以公告；②接受开放许可实施合同备案；③接受并就实施开放许可发生纠纷进行调解；④开放许可实施期间，对专利权人缴纳专利年费相应给予减免；⑤对发现已经公告的开放许可声明不符合相关规定的，应当及时公告撤回，同时通知专利权人和已备案的被许可人；⑥建设专利信息公共服务平台，完善全国专利信息服务网络，提供专利信息基础数据，培养专利信息人才。

当然，国务院专利行政部门和地方政府知识产权部门还承担开放许可政策制定、运行监督、激励促进、保护交易各方权益的责任。

三、专利实施人

这里的专利实施人包括已经获得专利实施权的人和潜在具有实施该专利意愿的任何单位或者个人，也称为"被许可人"。

任何单位或者个人包括专利权人知悉、未知悉的竞争对手。不管专利实施人出于什么目的，只要其有意愿实施开放许可的专利，且以书面方式通知专利权人，并依照公告的许可使用费支付方式、标准支付许可使用费，即获得专利实施许可。专利实施人实施他人专利的一般目的是通过获得许可实施其专利，实现盈利。但是，如果开放许可的实施人是竞争者对手，其目的必定不是实施专利而盈利这么简单，可能是为了"逆向工程"的分析，也可能是通过销售实现阻止专利权人发展优势。

任何单位或者个人还包括外国人和外国企业，但应当符合新修改的《专利法》等的下列规定。

第十七条　在中国没有经常居所或者营业所的外国人、外国企业或者外国其他组织在中国申请专利的，依照其所属国同中国签订的协议或者共同参加的国际条约，或者依照互惠原则，根据本法办理。

第十八条第一款　在中国没有经常居所或者营业所的外国人、外国企业或者外国其他组织在中国申请专利和办理其他专利事务的，应当委托依法设立的专利代理机构办理。

如果专利权人属于中国内地单位或个人，以开放许可方式技术出口的，还要按照《技术进出口管理条例》和《技术进出口合同登记管理办法》的规定办理相关手续。

第三节　开放许可法律关系客体

法律关系客体是法律关系主体的权利义务所指向的对象。开放许可法律关系客体是专利权人所拥有的经开放许可的专利。这里的专利包括已授权的发明专利、实用新型专利和外观设计专利。所述的发明是指对产品、方法或者其改进所提出的新的技术方案，经过申请、初步审查和实质性审查后而授予的发明专利权。所述的实用新型是指对产品的形状、构造或者其结合所提出的适于实用的新的技术方案，经过申请、初步审查后而授予的实用新型专利权。所述的外观设计是指对产品的整体或者局部的形状、图案或者其结合以及色彩与形状、图案的结合所作出的富有美感并适于工业应用的新设计，经过申请、初步审查后而授予的外观设计专利权。

对于发明和实用新型专利权而言，实施权包括为生产经营目的制造、使用、许诺销售、销售、进口其专利产品，或者使用其专利方法以及使用、许诺销售、销售、进口依照该专利方法直接获得的产品。对于外观设计专利权，实施权包括为生产经营目的制造、许诺销售、销售、进口其外观设计专利产品。

另外，未经授权的各类专利申请不在其内。专利权在开放许可实施期间内，专利权人须保证维持专利权有效。

专利权存在开放许可瑕疵的也不在其内，这些瑕疵即《专利法实施细则修改建议（征求意见稿）》新增第七十二条之三规定的不予公告开放许可声明的五种情形：

（1）专利权处于独占或者排他许可有效期限内且许可合同已经备案的；

（2）因专利权的归属发生纠纷或者人民法院裁定对专利权采取保全措施而中止的；

（3）专利权处于年费滞纳期的；

（4）专利权被质押，未经质押权人许可的；

（5）其他不予公告的情形。

第四节　开放许可法律关系内容

开放许可法律关系内容是法律关系主体所享有的权利和所承担的义务，包括专利权人、政府层面和专利实施人享有的权利和所承担的义务。

一、专利权人享有法律所赋予的权利和承担法律所规定的义务

专利权人享有法律所赋予的权利包括以下几个方面。

（1）新修改的《专利法》第十一条规定："发明和实用新型专利权被授予后，除本法另有规定的以外，任何单位或者个人未经专利权人许可，都不得实施其专利，即不得为生产经营目的制造、使用、许诺销售、销售、进口其专利产品，或者使用其专利方法以及使用、许诺销售、销售、进口依照该专利方法直接获得的产品。外观设计专利权被授予后，任何单位或者个人未经专利权人许可，都不得实施其专利，即不得为生产经营目的制造、许诺销售、销售、进口其外观设计专利产品。"

（2）享有专利权的转让权。

（3）在其专利产品或者该产品的包装上标明专利标识的权利。

（4）自己实施或者许可他人实施的权利等。

专利权人承担法律所规定的义务包括以下几个方面。

（1）在专利权获准前要充分公开发明内容的义务；

（2）在授予专利权的有效期限内，专利权人有按期缴纳年费的义务；

（3）实施专利技术也是专利权人的一项重要义务。

除上述外，在开放许可法律关系中，专利权人还具有如下权利和义务。

（1）自愿以书面方式向国务院专利行政部门声明；愿意许可任何单位或者个人实施其专利；明确许可使用费支付方式、标准；就实用新型、外观设计专利提出开放许可声明的，应当提供专利权评价报告。

（2）接受任何单位或者个人有意愿实施开放许可专利的书面通知及支付的使用费，并按专利开放许可声明的内容履行开放许可实施合同义务。

（3）实行开放许可的专利权人可以与被许可人就许可使用费进行协商后给予普通许可，但不得就该专利给予独占或者排他许可。

（4）专利权人撤回开放许可声明应当以书面方式提出，开放许可声明被

公告撤回的，不影响在先给予的开放许可的效力。

（5）在开放许可实施合同生效之日起，凭能够证明开放许可实施合同生效的书面文件向国务院专利行政部门备案。

（6）其他约定义务。

在开放许可中，作为专利的提供者，专利权人的目标是将其专利技术快速产业化，以实现其利益回报。专利权毕竟是私权，专利权人关注的是收益的最大化，因此，凡是在专利成果的转化中有利于实现这一目标的措施，专利权人都将会予以考虑。

那么，专利权人是否有义务协助专利实施人生产专利产品，且具有专利文件所记载的积极效果，即专利权人是否需要通过技术服务或技术指导给予专利实施人帮助，以使专利实施人能够工业化生产专利产品或是利用专利方法。这在新修改的《专利法》及《专利法实施细则修改建议（征求意见稿）》中并没有规定。新修改的《专利法》对于专利权人开放许可声明的内容仅涉及许可使用费支付方式、标准，在《专利法实施细则修改建议（征求意见稿）》中又增加了许可期限及其他需要明确的事项，但需要明确其他事项是什么不得而知。依据笔者的理解，未来开放许可声明中，"其他需要明确的事项"就像一个大箩筐，专利权人为了促使更多实施人实施其专利，想装什么就装什么，甚至如同企业上市的招股说明书一样，极尽详细之能事；有的甚至极尽夸张之能事，因此才会出现《专利法实施细则修改建议（征求意见稿）》新增第七十二条之二的规定，即开放许可声明内容应当准确、清楚，不得出现明显商业性宣传用语。

专利权人的权利还可以将包含技术秘密的专利产品或专利方法设置为价格和等级不同的若干款产品或方法：A 款价格——每年专利许可使用费 10 万元（达到独立权利要求书可实现的本发明专利或实用新型专利的基本效果）；B 款价格——每年专利许可使用费 20 万元（达到从属权利要求书可实现的本发明专利或实用新型专利的优化效果）；C 款价格——每年专利许可使用费 30 万元（达到从属权利要求书可实现的本发明专利或实用新型专利的最优化效果）；……。这些可否成为专利权人的权利，只能有待于后续实践中去验证。

《民法典》第八百六十六条规定了专利实施许可合同的许可人的义务，即"专利实施许可合同的许可人应当按照约定许可被许可人实施专利，交付实施专利有关的技术资料，提供必要的技术指导"。这里仅是按照"约定""有关""必要"等术语限定，如果"其他需要明确的事项"中没有约定或者约定不明，那么对专利实施人的影响我们将在下面专利实施人的权利和义务中进行阐述。

作为专利实施许可合同的许可人（专利权人）在整个开放许可声明中，应当参考《民法典》的有关规定，尽可能将在后续过程中存在的问题在声明中列出来，以打消专利实施人的顾虑。

《民法典》第四百七十条　合同的内容由当事人约定，一般包括下列条款：（这些条款可以作为"其他需要明确的事项"的主要参考）

（一）当事人的姓名或者名称和住所；（专利权人的著录事项中已经包含）

（二）标的；（应当是开放许可专利（标明的专利号））

（三）数量；（开放许可只能是一件专利）

（四）质量；（专利文件中的要求）

（五）价款或者报酬；（专利许可使用费已经包含）

（六）履行期限、地点和方式；（许可使用期限已经包含；履行地点和方式可以在声明中确定）

（七）违约责任；（应当在声明中确定）

（八）解决争议的方法。（应当在声明中确定）

二、实施人享有法律所赋予的权利和承担法律所规定的义务

任何单位或者个人有意愿实施开放许可的专利的，应当将其意愿以书面形式通知专利权人，而不是国务院专利行政部门。仅有书面通知还不够，还必须依照公告的许可使用费支付方式、标准支付许可使用费后，即获得专利实施许可。至此，专利实施许可合同已经生效。

《民法典》第八百六十七条规定："专利实施许可合同的被许可人应当按照约定实施专利，不得许可约定以外的第三人实施该专利，并按照约定支付使用费。"这是专利实施许可合同被许可人的主要义务。

《专利法实施细则修改建议（征求意见稿）》新增第七十二条之五合同备案的义务，双方当事人任何一方可以在开放许可实施合同生效之日起，凭能够证明开放许可实施合同生效的书面文件向国务院专利行政部门备案。

作为专利许可使用权的购买者，专利实施人与专利权人一样，属于私权主体，其目标是对实施他人的专利成果进行投资以实现其投资回报收益的最大化。凡是在专利成果的转化中有利于实现这一目标的措施，专利实施人都会加以考虑。

专利实施许可合同的被许可人更为关注的是：支付专利使用费，就要达到想要的目标。不同的专利类型实施的难度与效果是不同的。由于外观设计专利比较直观，易于实施，甚至在实施的过程中还可以改进一些细微局部的设计，比原外观设计专利的实施效果更好，但是整个实施过程仍然没有超出外观设计专利权的保护范围，这种情况还是比较常见的。也就是说，开放许可中的外观设计更容易，出现的纠纷也更少。对于发明专利和实用新型专利则不然，仅从专利文件是否能够作出专利产品或者基本达到文件效果，主要看专利文件公开的程度。如果专利文件中没有公开技术秘密，则对被许可人来讲就存在一定的风险，甚至落入专利权人设计的陷阱中。这种情况并不能排除。

根据以往的运营实践，被许可人也不是等闲之辈，他们往往在签订实施许可合同之前，已经注意专利一段时间，甚至详细研究专利规避措施。因此，不管专利权人是否提供技术指导，专利文件中是否存在技术秘密、是否可以达到其实施效果，其心里对该专利能否实施大多数是清楚和明白的。但是风险总还是有的，例如开放许可的专利实施许可合同约定不明时，怎么办？这就要根据《民法典》的相关规定行事。

第五百一十条　合同生效后，当事人就质量、价款或者报酬、履行地点等内容没有约定或者约定不明确的，可以协议补充；不能达成补充协议的，按照合同相关条款或者交易习惯确定。

第五百一十一条　当事人就有关合同内容约定不明确，依据前条规定仍不能确定的，适用下列规定：

（一）质量要求不明确的，按照强制性国家标准履行；没有强制性国家标准的，按照推荐性国家标准履行；没有推荐性国家标准的，按照行业标准履行；没有国家标准、行业标准的，按照通常标准或者符合合同目的的特定标准履行。

（二）价款或者报酬不明确的，按照订立合同时履行地的市场价格履行；依法应当执行政府定价或者政府指导价的，依照规定履行。

（三）履行地点不明确，给付货币的，在接受货币一方所在地履行；交付不动产的，在不动产所在地履行；其他标的，在履行义务一方所在地履行。

（四）履行期限不明确的，债务人可以随时履行，债权人也可以随时请求履行，但是应当给对方必要的准备时间。

（五）履行方式不明确的，按照有利于实现合同目的的方式履行。

（六）履行费用的负担不明确的，由履行义务一方负担；因债权人原因增加的履行费用，由债权人负担。

该条是针对合同约定不明确时履行的相关规定。

三、开放许可中政府的作用

依照新修改的《专利法》的规定，国务院专利行政部门接收专利权人的开放许可声明或者撤回开放许可声明，经审查后予以公告；对发现已经公告的开放许可声明不符合相关规定的，及时公告撤回，同时通知专利权人和已备案的被许可人；当事人就实施开放许可发生纠纷的，当事人不愿协商或者协商不成的，可以请求国务院专利行政部门进行调解，也可以向人民法院起诉。

《专利法实施细则修改建议（征求意见稿）》规定，新增第七十二条之五涉及开放许可实施合同的备案工作；新增第七十二条之六建设专利信息公共服务平台，完善全国专利信息服务网络，提供专利信息基础数据，培养专利信息人才。

作为开放许可主体之一的政府，在开放许可中的作用绝不是上述几个法条所能概括的，实际作用非常重要。作为公共产品的提供者，政府的目标是通过建立一种公共信息平台为专利成果的转化交易提供快捷的渠道，解决专利转化过程中信息不对称的问题，以促进专利成果的实施。因此，为了实现社会效益的最大化，凡是有利于实现这一目标的体制、机制、手段与措施等，政府都将会加以进行考虑。

然而，在开放许可制度下，由专利权人、专利实施人和政府所构成的三角关系中，专利权人与专利实施人之间基本是平等的、通过签订民事专利实施许可合同所构成的合同关系。作为局外人的政府并没有直接介入双方的合同签订，但政府为了促成双方的交易，介入的程度会有所差异。华北电力大学李庆保先生根据政府介入程度提出三种模式——政府轻度、中度与深度介入。❶

1. 政府轻度介入模式

当政府轻度介入时，在整个开放许可过程中，只是顺便搭建一个信息平台，接收专利权人的自愿开放许可书面声明，政府不经过审查直接公告，这类似于一种媒体广告。政府可以免费或者向专利权人收取一定的发布费用，并且将发布的专利法律信息限定在其专利登记簿登记的内容中。这种模式下，政府只与专利权人发生关系，不与实施人发生关系，政府既不为专利权人担责，也

---

❶ 李庆保. 市场化模式专利当然许可制度的构建［J］. 知识产权，2016（6）：96－101.

不为专利实施人担责。由于政府轻度介入，除搭建平台外，对促进专利权人和实施人的交易帮助有限。

2. 政府中度介入模式

在上述轻度介入模式的基础之上，政府进一步加深介入程度，对专利权人的开放许可声明进行合法性审查并予以公告，从而以政府公信力为开放许可声明的真实性和合法性"背书"，并以自己的公信力对专利实施人与专利权人的相关权利进行保障。此时，政府与实施人之间也会发生关系，并对于专利权人与实施人之间的交易进行一定程度的介入。

在中度介入模式下，政府要求专利权人的开放许可条件不得擅自更改，实施人一旦承诺同意该条件，许可合同即告订立。此种模式下，实施人享有开放许可的专利实施合同订立保障权，要求政府保障专利权人不得拒绝与其订立许可合同；要求政府保障开放许可的专利上无权利瑕疵；要求不得针对其实施专利的行为发布临时禁令；要求保障专利权人撤回开放许可后，其已经与之订立的开放许可合同不受影响等。因为政府与专利实施人发生了开放许可保障关系，专利实施人享有某种程度的专利实施保障权，而政府与专利权人的保障义务都因此相对增多。

3. 政府深度介入模式

在轻度和中度介入模式中，政府的角色更像是个"红娘"，专利权人与实施人能否见面"联姻"，政府只能"作壁上观"，其效果难以预料。而政府深度介入模式是在中度介入模式的基础之上，政府采取更加积极的介入措施。为了进一步促进专利权人与实施人能偏爱开放许可，政府则用自己所掌控的资源对当事人采用开放许可进行激励，让他们享受更多利益以有动机采用开放许可，同时对专利权人与专利实施人之间的交易介入更多。

可以看出，我国开放许可基本上是政府中度介入加激励方式。因此，政府根据自身所拥有的资源和职责权限，中度介入开放许可，促进开放许可有效开展，既可以履行自己的职责，又不至于陷入太深，是非常符合我国国情的。

第三章　专利开放许可的运营模式

本章从与开放许可运营相关的要素出发，试图对广义开放许可的运营模式进行分类，并就每种模式的特点进行分析，以期让读者对开放许可运营有更深的理解。广义的开放许可运营分类如图3-1所示。

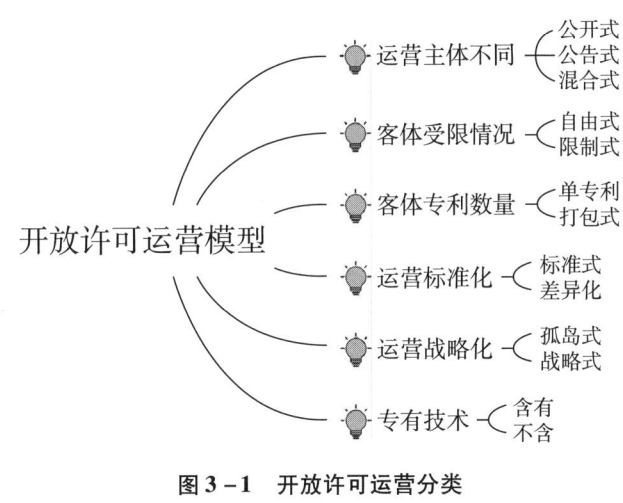

图3-1　开放许可运营分类

第一节　广义的开放许可

由于广义开放许可运营的主体有专利权人或专利申请人、被许可人、专利运营服务机构和政府部门等，根据运营主体的参与方式不同，可以将广义的开放许可分为公告式开放许可、公开式开放许可、混合式开放许可三种模式。

一、公告式开放许可

公告式开放许可，即狭义的开放许可运营或者法定开放许可运营，属于新修改的《专利法》第五十条、第五十一条和第五十二条规定的情形。简言之，它是促进专利转化实施的一项重要法律制度，是指权利人在获得专利权后自愿向国务院专利行政部门提出开放许可声明，明确许可使用费支付方式和标准，由国务院专利行政部门予以公告，在开放许可期间，任何单位或者个人都可以按照公告的开放许可条件获得实施该专利技术的普通许可。由于需要国务院专利行政部门公告程序，才定义为公告式开放许可。公告式开放许可模型如图 3－2 所示（与狭义的开放许可相同）。

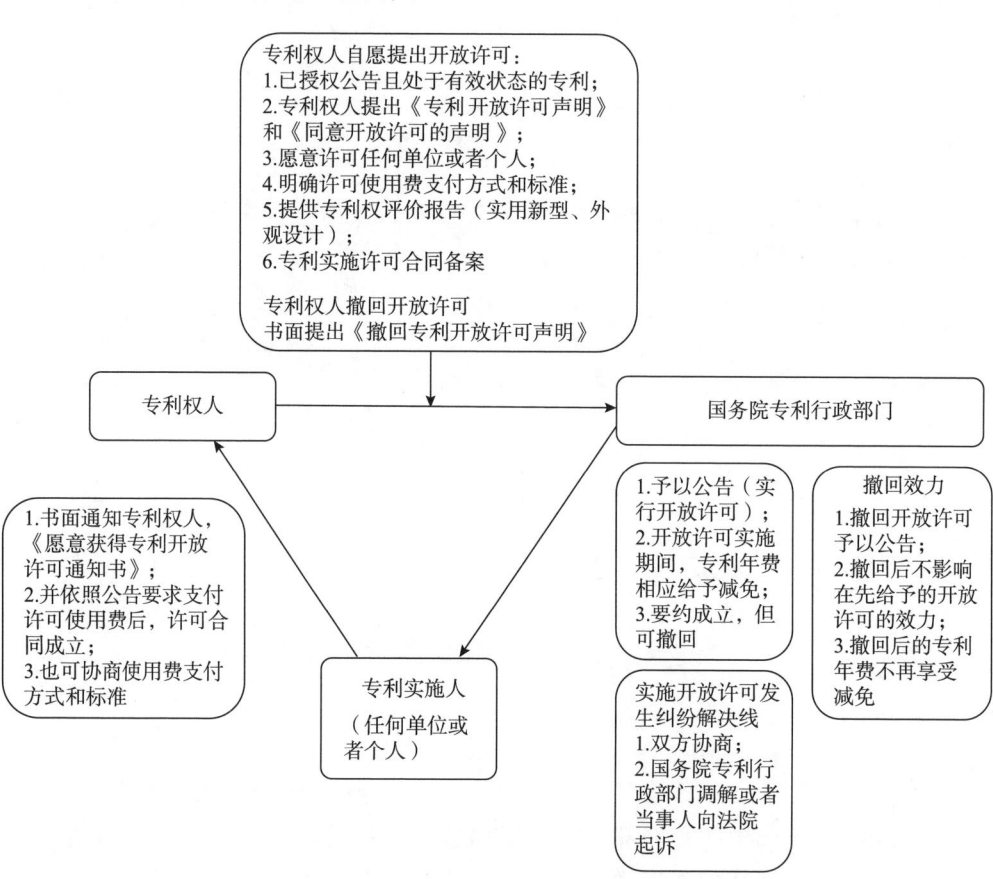

图 3－2　公告式开放许可模型

公告式开放许可主要程序步骤分解如下。

（1）专利权人自愿以书面方式向国务院专利行政部门声明愿意许可任何单位或者个人实施其专利，提交《专利开放许可声明》。

（2）实用新型、外观设计专利提出开放许可声明的，应当提供《专利权评价报告》；开放许可声明不因《专利权评价报告》而影响公告；但对实施人可以提醒该专利权的稳定性情况。

（3）明确许可使用费标准及支付方式。

（4）由国务院专利行政部门予以公告。

（5）任何单位或者个人有意愿实施开放许可专利的，以书面方式通知专利权人，并依照公告的许可使用费支付方式、标准支付许可使用费后，即获得专利实施许可。

（6）专利实施许可合同生效后，由许可方办理专利实施许可合同备案手续。

（7）开放许可实施期间，对专利权人缴纳专利年费相应给予减免。

（8）实行开放许可的专利权人可以与被许可人就许可使用费进行协商后给予普通许可，但不得就该专利给予独占或者排他许可。

（9）当事人就实施开放许可发生纠纷的，由当事人协商解决；不愿协商或者协商不成的，可以请求国务院专利行政部门进行调解，也可以向人民法院起诉。

（10）专利权人撤回开放许可声明的，应当以书面方式提出，并由国务院专利行政部门予以公告。开放许可声明被公告撤回的，不影响在先给予的开放许可的效力。

由此可见，公告式开放许可发生效力的前提是必须经过国务院专利行政部门的公告程序。无论是实行开放许可的效力还是撤回开放许可的效力，均是如此。

2020 年 11 月 27 日，国家知识产权局条法司下发《关于就〈专利法实施细则修改建议（征求意见稿）〉公开征求意见的通知》。在该征求意见稿中，就开放许可相关条款，涉及开放许可声明请求程序和内容要求、不予公告的情形、撤回程序及生效、开放许可成立后的备案程序及证明材料等给予进一步说明。

《专利法实施细则修改建议（征求意见稿）》第七十二条之二细化了开放许可声明。

（1）给出专利权人向国务院专利行政部门提出开放许可声明的时间节点——在该专利权的授予被公告后提出，由此排除了授权公告前的任何时候提出开放许可声明的情形。对授权公告后开放许可声明不予公告的情形，该法条虽然没有明确规制，但在该征求意见稿第七十二条之三采取排除法，即对授权公告后出现的某些状态，其开放声明仍不予公告。

（2）给出共同专利权开放许可处理问题：共有人就共有专利权提出或撤回开放许可声明的，应取得全体共有人的同意。

（3）给出开放许可声明的主要内容：写明专利号、专利权人的姓名和名称、专利许可使用费的支付方式和标准；专利许可期限；其他需要明确的事项。同时要求，开放许可声明内容应当准确、清楚、不得出现明显商业性宣传用语。此处，从《专利法实施细则修改建议（征求意见稿）》来看，只是作了原则性规定，对专利许可使用费的支付方式和标准尽可能按照当事人的意思自治原则处理。作为一个兜底性条款，"其他需要明确的事项"在开放许可的运营中将承载着非常重要的使命，只有通过该条款才能够实现约定清楚，这对达成交易至关重要。

《专利法实施细则修改建议（征求意见稿）》第七十二条之三列举了开放声明不予公告的五种情形：

（1）专利权处于独占或者排他许可有效期限内且许可合同已经备案的；

（2）因专利权的归属发生纠纷或者人民法院裁定对专利权采取保全措施而中止的；

（3）专利权处于年费滞纳期的；

（4）专利权被质押，未经质押权人许可的；

（5）其他不予公告的情形。

作为一种补救措施，《专利法实施细则修改建议（征求意见稿）》第七十二条之三还规定，国务院专利行政部门发现已经公告的开放许可声明不符合相关规定的，应当及时公告撤回，同时通知专利权人和已备案的被许可人。此处的"国务院专利行政部门发现"不仅包括国务院专利行政部门的主动发现，也包括社会公众的监督并向国务院专利行政部门反映的被动发现。

在专利权人提出开放许可声明时，存在的专利实施许可合同对国务院知识产权行政部门公告的影响如表3-1所示。

表 3 - 1 提出开放许可声明时存在的专利实施许可合同对公告的影响

提出开放许可声明时存在的专利实施许可合同	对开放许可声明公告的影响	备注
（1）专利权处于独占或者排他许可合同，且该合同已经失效	不影响	视为不存在
（2）专利权处于独占或者排他许可合同，合同有效；但合同未备案	不影响	此种情况，对于在先获得独占或者排他许可的被许可方是不利的，但因该独占或者排他许可合同未备案，不能对抗善意取得的第三人。故而专利权人需要妥善处理好在先独占或者排他许可合同与开放许可实施合同之间的关系
（3）专利权处于独占或者排他许可合同，合同有效；且合同已备案	不予公告	此处的备案是指依据《专利法》规定专利实施许可合同备案，还是向科技部门办理的技术合同登记备案，尚需确认
（4）专利权处于普通许可合同，如果存在一定期限或者一个区域的独占或排他行为	笔者认为同前述（1）（2）（3）	
（5）专利权处于普通许可合同	不影响公告	专利权人需要妥善处理好在先普通许可合同与开放许可实施合同之间的关系

对于，因专利权的归属发生纠纷或者人民法院裁定对专利权采取保全措施而中止的，不予公告开放许可声明。这比较好理解，要么属于权属不清，要么专利权被冻结，均是专利权人不能对该专利权行使全部权利，即占有、使用、收益，处分的权利。

对于"专利权处于年费滞纳期的"，不予公告开放许可声明。专利申请被授予发明专利权及实用新型和外观设计专利权如果存在《专利法》第四十四条所述未缴纳年费的情形，专利权在期限届满前终止，也就是说，专利权人对授权的专利享有法律赋予的权利，也应承担法定义务，即按照规定缴纳年费。对于专利权处于年费滞纳期的，虽然此时专利权尚未丧失，但至少专利权人怠于履行法律义务，没有按照规定缴纳年费，处于此种状态的开放许可声明不予公告并无不妥。

对于"专利权被质押，未经质押权人许可的"，不予公告开放许可声明。由于质押是一种转移占有的担保行为，《民法典》第四百三十条第一款规定：

"质权人有权收取质押财产的孳息，但是合同另有约定的除外。"因此，在专利权被质押的情况下，因开放许可而产生的许可使用费也是质押财产的孳息之一，未经质押权人许可，将有可能损害质权人的合法利益。

关于不予公告的情形，《专利法实施细则修改建议（征求意见稿）》还设置了"其他不予公告的情形"的兜底条款。

第七十二条之四规定　专利权人撤回开放许可声明的，应当提交撤回开放许可声明请求，撤回声明自公告之日起生效。

第七十二条之五规定　双方当事人任何一方可以在开放许可实施合同生效之日起，凭能够证明开放许可实施合同生效的书面文件向国务院专利行政部门备案。

《专利法实施细则修改建议（征求意见稿）》第十四条第二款规定"未经备案不得对抗善意第三人"。此处只是规定在开放许可实施合同生效之日起向国务院专利行政部门备案，但并没有给出在开放许可实施合同生效之日起多长的时间段内完成。

公告式开放许可是最基础、最简单的开放许可模式，其他开放许可运营模式均是在此基础上演化而来的。公告式开放许可的优点是：具有法定属性，可信度高；缺点是：许可双方没有中介机构，在问题沟通和冲突缓冲方面缺乏弹性、实际可运行性，效果有限。

二、公开式开放许可

公开式开放许可运营是在广义开放许可的框架下，将狭义的开放许可扩展到专利申请。公开式开放许可运营是指权利人将其专利申请或授权专利，自愿向第三方平台提出开放许可声明，明确许可使用费支付方式和标准，由该技术交易平台予以公开（为区别法定开放许可的公告，此处使用"公开"），在开放许可期间，任何单位或者个人都可以按照公开的开放许可条件获得实施该技术的普通许可。公开式开放许可模式如图3-3所示。

对于发明专利申请，专利申请人自愿提出且提出时间必须在发明专利公开之后至授权公告之前。由于实用新型和外观设计不是公开而直接进入授权公告程序，对实用新型和外观设计申请提出广义的开放许可并不适合。

公开式开放许可与公告式开放许可的比较如表3-2所示。

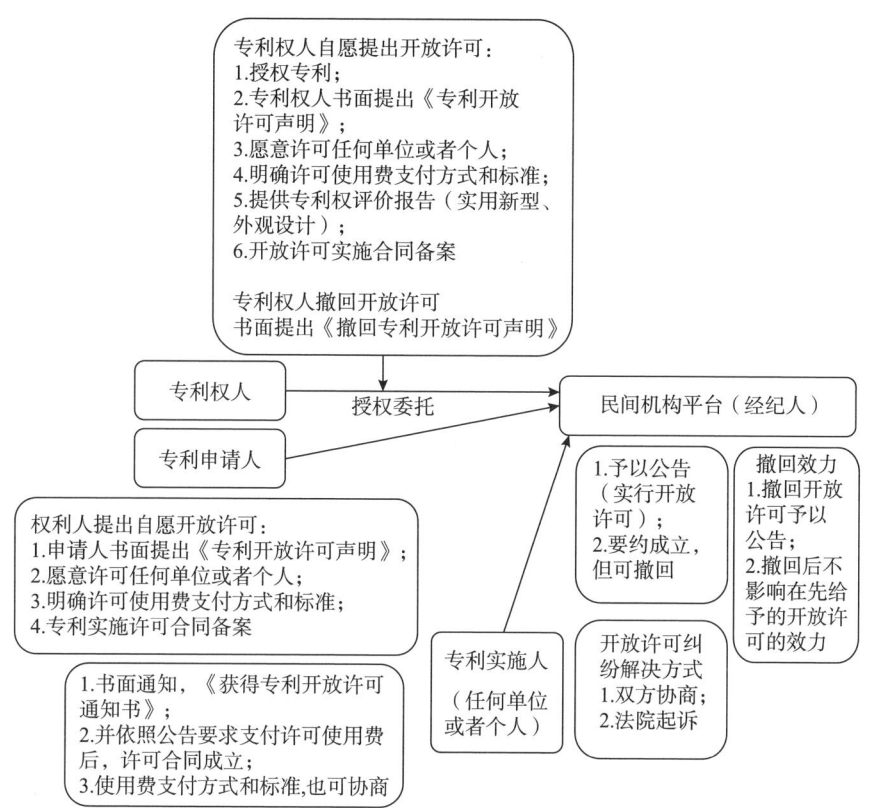

图 3 – 3 公开式开放许可模式

表 3 – 2 公开式开放许可与公告式开放许可的比较

	公告式开放许可	公开式开放许可
分类不同	狭义的开放许可（法定开放许可）	广义的开放许可
客体不同	三种授权专利	授权专利或专利申请（申请人自愿且文本公开后），对于发明专利申请，公开之后至授权公告之前均可；对于实用新型和外观设计由于没有公开直接进入授权公告程序，因此广义的开放许可对实用新型申请和外观设计申请并不适合
公开主体不同	国务院知识产权行政部门	第三方技术交易平台
公信力不同	政府公信力	第三方平台信誉
对许可人、被许可人的约束力	《专利法》和《民法典》效力	《民法典》效力

	公告式开放许可	公开式开放许可
法定激励	在许可期间内专利年费的减免	无
居间服务功能	弱	居间沟通、协调，有利于成交
后续维权服务	弱	以维权促交易
发展快慢	国家后盾发展较快	发展较慢
开放许可平台不同	国家平台	民间平台

三、混合式开放许可

顾名思义，混合式开放许可运营就是兼顾公开式开放许可运营与公告式开放许可运营模式。该种模式既考虑公告式开放许可运营模式的国家开放许可平台、政府的公信力、《专利法》的强力约束和国家政策激励，又兼顾民间平台良好的居间服务和维权保障，是开放许可未来实际运营的较好方式。混合式开放许可模式如图3－4所示。

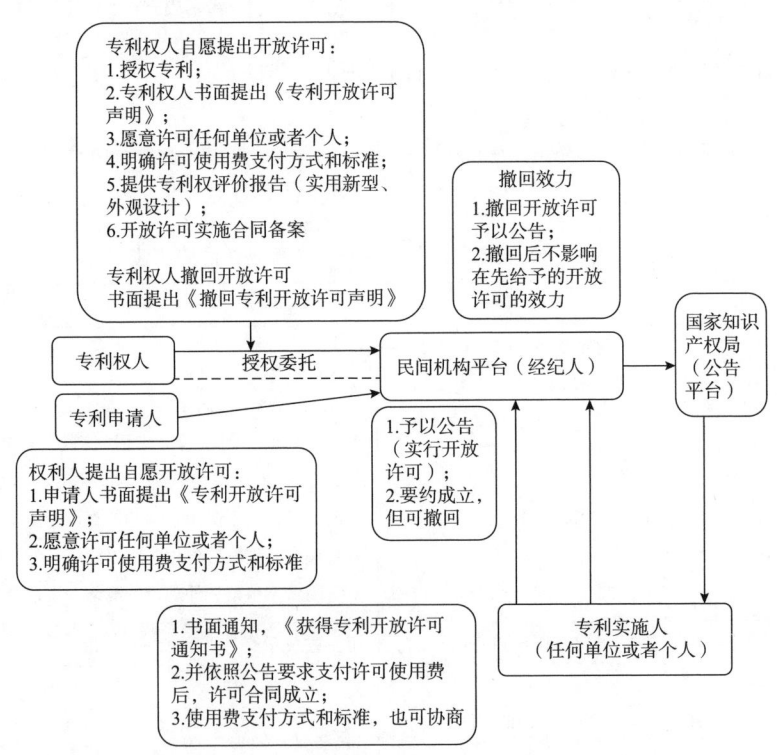

图3－4 混合式开放许可模式

实际运作时，专利权人将其专利或专利申请，在第三方平台参照开放许可模式进行第一次交易。然后，对于已经授权的专利，专利权人可以委托第三方平台向国务院知识产权行政部门提出开放许可，进行第二次交易。对于专利权人来说，具有两次交易机会，专利申请也能参照开放许可模式提前进行交易。当然，这里的专利申请必须是申请人自愿公开或者是依《专利法》公开；否则，涉及泄密问题。

第二节　孤岛式开放许可与战略式开放许可

在开放许可中，专利权人如果将一项专利按照开放许可模式孤立地实施许可，没有战略目的，这样的开放许可称为孤岛式开放许可。

大多数时候，专利权人有其战略考量，通过战略布局或者专利组合追求利益最大化。以此为目的的开放许可为战略式开放许可。

前面，我们已经了解限制式开放许可、打包式开放许可及差异化开放许可，其实这三种许可方式都具有一定的战略性，从而构成战略式开放许可。例如，专利权人通过标准必要专利，借"开放许可之名"，行"专利垄断之实"，坐收专利许可使用费。又如，通过一项在后改进的专利开放许可，促进一项申请在前的专利实施，实现专利权人的利益最大化。或者，通过打包式开放许可将密切关联的一组专利提出开放许可，将单一许可变成多个许可，也可以实现专利权人的利益最大化。

还有一种更为隐蔽的战略式开放许可，即"专利开源行动"或"专利开放"，是一种更广义的开放许可。由于具有较强的隐蔽性，实施方必须慎重使用，否则可能进入权利人预设的圈套。2014 年 6 月，特斯拉 CEO 马斯克宣布对外开放旗下所有专利，并在其官方博客上发表文章《我们所有的专利都属于你》，宣布"任何人若出于善意想要使用特斯拉的技术，特斯拉不会发起专利侵权诉讼"。不过，特斯拉也曾明确表示，如果企业试图直接抄袭其外观设计，它将依靠法律手段保护其知识产权。❶

2015 年 4 月，松下在美国加州圣何塞的嵌入式 LINUX 会议上表示，为推进物联网行业发展，将开放自己约 50 件物联网相关专利，内容涉及用于家庭

---

❶ 张露. 特斯拉开放专利 蛋糕背后有风险 [N]. 青年参考，2014 - 06 - 18（48）.

监视系统的软件和用于太阳能以及零售业的云设备技术等。❶

丰田也于 2019 年 4 月宣布免费进一步开放关于电机、电控、系统控制等车辆电动化技术的专利使用权（包含申请中的项目）约 23740 项专利。这对很多在相关领域技术开发过程中存在问题的厂商来说，简直就是"天上掉馅饼"。❷

难道，真如特斯拉 CEO 马斯克所说"我们所有的专利都属于你"吗？答案是否定的。

原因很简单，专利是私有的财富，愿意将自己投入大量精力财力才获得的专利权免费让公众使用，一定会有其背后的商业逻辑或战略考量，一定是通过"舍"，从而有所"得"。那么，其背后的逻辑又是什么呢？

通过分析不难发现，无论是特斯拉、松下还是丰田，所开放的专利全都是代表未来方向的热点性技术领域，这些专利权人在该领域都具有一定的技术领先优势，但是市场的启动落后于技术，市场的培育非一个单位所能完成，也非一朝一夕所能完成。因此，开放这些专利具有如下战略考量。

1. 品牌头部效应

头部效应是指在一个领域中，第一名往往会获得更多的关注，拥有更多的资源。

（1）头部收益更高。在一个系统里，头部品牌吸引的注意力大概占 40%，第二名是 20% 左右，第三名是 10% 左右，其他所有人共分 30% 左右。头部会带来很多的关注和个人品牌影响力，带来更高的收益。❸

（2）头部加速度更快。一旦成为某个系统的头部，系统就开始产生正反馈——微小的优势会带来更多的名声，名声带来更多机会、更多收益。这又可以投入更多资源，继续扩大优势，最后的结果就是头部的人获得最大的增长率。

2. 免费使用，一句"美丽的传说"

特斯拉 CEO 马斯克用了一个文艺范的开头"All Our Patent Are Belong to You"（我们的所有专利都归你了），使得很多人都以为特斯拉放弃了自己的专

---

❶ 李俊慧. 松下等免费"开放专利"意欲何为？[N/OL]. 科技快报，2015 – 04 – 01 [2021 – 02 – 02]. http：//news. ikanchai. com/2015/0401/14609. shtml.

❷ 知呱呱. 开放专利惹的祸？新能源"后浪"小鹏汽车挑战特斯拉 [EB/OL]. （2020 – 06 – 09）[2021 – 02 – 02]. https：//baijiahao. baidu. com/s？id = 1669011282903528629&wfr = spider&for = pc.

❸ MBA 智库. 头部效应 [EB/OL]. [2021 – 02 – 02]. https：//wiki. mbalib. com/wiki/% E5% A4% B4% E9%83% A8% E6%95%88% E5% BA%94.

利。他博得了世界的眼球，到头来这只能是一个美丽的传说，专利权还在专利权人特斯拉手里，使用者善意与否，特斯拉说了算，专利侵权的风险依然存在。而且使用这样的专利越多，投资越大，侵权的风险也就相应增加。除非利用专利开放的契机，加大研发投入和技术改进，不断申请外围专利，而这样的外围专利越多，你被起诉的机会就越小。

3. 看不见的，你无法超越

法国经济学家巴斯夏《看得见的与看不见的》一文曾说："好经济学家与坏经济学家的区别只有一点，坏经济学家只能看见可以看得见的后果，而好经济学家却能同时权衡可以看得见的后果和通过推测得到的结果。"

特斯拉开放其专利免费使用是公众看得见的，除了开放的专利外，还有多少"看不见的"？比如技术秘密、经营秘密，我们是看不到的，只有特斯拉知道。拥有这些"看不见的"，特斯拉可以实现"不战而屈人之兵"。

特斯拉到底是一家什么样的企业？很多人认为是汽车企业、新能源汽车企业。其实大家有所不知，特斯拉从本质上来说是一家软件企业。大家都知道，新能源汽车的核心部件是电池。没有电池技术的提升，再好的新能源车也是摆设，特斯拉汽车的电池包由七八千块小型号电池构成，总重量达到 1 吨。打开这个电池包，里面由冷却管围成多个模块，比如 Model 3 电池包分割成 16 个模块，电池就像蜂窝中的蜜蜂一样设置在冷却管围成的空间里。为了让这些电池能够均衡放电，系统必须监控每个电池的状态，包括电流、电压、内阻、温度、压力等。这些检测的数据反馈到控制中心，控制中心再根据指令采取行动。特斯拉电池包的结构和控制理念无论通过公开的专利还是拆解特斯拉整车都可以看出来。但最核心的电池控制技术比如对七八千块电池检测数据如何处理，当电池参数不同时如何均衡处理，这些都靠复杂的软件程序控制，特斯拉的相关程序都以源代码的形式保护，从专利数据和车辆反向工程一般都很难获知。

如果我们仔细分析特斯拉的发明人会发现，早期的许多核心技术人员都来自计算机互联网领域，特斯拉电池管理系统也明显秉承互联网服务器模块化管理架构。但如何精准控制这么多的电池，并且做到均衡、实时风险处理，软件程序极为复杂。此外，电池包对电池的一致性要求很高，如果电池的一致性比较差，即使管理系统再先进，也会影响电池包的性能和寿命。若要七八千块电池具有较高的一致性，特斯拉就必须有先进的电池一致性检测系统，在电池组成电池包之前，确保电池单体之间的参数差异不太大。特斯拉的电机控制程序也是重要的技术秘密，电机的控制程序与车辆的加速和操作性能相关。不少开过电动车的司机都反映，加速踏板总感觉不太灵，驾乘者很难适应，但特斯拉的加速曲线相对平稳，这实际也是背后的软件作用。对这一点，特斯拉也是通过源代码的形式保护的。❶

综上，这些看不见的，无法超越。

4. 平台战略

马斯克的公告清晰地指出，电动汽车微不足道的现有市场占有率并不足以使行业内部激烈竞争，比电动汽车市场规模大上百倍的传统汽车才是电动汽车企业的真正对手。开放技术将使整个电动汽车行业共同发展，包括特斯拉在内的企业都将受益于一个通用的技术平台。

在这个平台上众多企业使用特斯拉的专利技术，形成特斯拉的"产业链朋友圈"（特斯拉主导的产业联盟），而"朋友圈"的群主就是特斯拉。凡在"朋友圈"内的使用均为"善意"，否则会被特斯拉认定为"非善意"，非善意的结局自然要诉诸法律。而且，对于众多企业而言，在"朋友圈"内使用特斯拉技术后，自然对其他系统就不再适应，所以应当知晓"上贼船易，下贼船难"的道理。通过开放专利许可，特斯拉可以形成一个对自己没有威胁又可促进自身发展且受自身控制的"产业圈"，这个"产业圈"能够成就特斯拉的"霸业"。

第三节　含有专有技术的开放许可

专利是受法律规范保护的发明创造，是指就一项发明创造由申请人向国家审批机关提出专利申请，经依法审查合格后授予的在规定的时间内对该项发明创造享有的专有权。专利一个突出的特点是"公开"换"保护"，至于公开的程度，以所属技术领域的一般技术人员能够实现为准，这样的专利申请才能够被授予专利权，从而获得《专利法》的保护。专利的保护在专利有效期内是绝对的权利，不因技术泄露而受影响。

专有技术又称秘密技术或技术诀窍，是指在生产、经营和财务等活动领域一切符合法定要件的秘密知识、经验和技能，包括工艺流程、配方、技术规范

---

❶ 电驹. 为什么说特斯拉本质上是一家软件公司？［N/OL］. 凤凰网，2019 – 12 – 20 ［2021 – 01 – 23］. http：//auto. ifeng. com/c/7sXKesGu4tH.

等不为公众知悉，能为权利人带来经济利益、具有实用性并经权利人采取保密措施的技术信息和经营信息。

专利和专有技术之间的异同如表 3－3 所示。

表 3－3 专利和专有技术之间的主要差异

比较内容	专利	专有技术
法律依据	《专利法》	《反不正当竞争法》
取得条件	依法向目标国主动申请；同时要求具备新颖性、创造性和实用性	事实上占有；要求具有秘密性、保密性、价值性、实用性
存在条件	法律保护	保密方式
保密性	公开的技术	保密的技术
失密后果	已经申请专利的不受影响	成为公知
时效性	有法定期限	在保密的情况下没有时限限制
地域性	仅在专利授权国得到保护	没有区域限制
保护	一般为民事赔偿；维权相对容易	有可能认定为刑事犯罪；维权比较复杂
权利认定	依法享有	需要认定，且认定复杂、费用高
侵权倾向	容易被侵权	保密措施得当，不易侵权
相互转化	专利不可转化为专有技术	专有技术可以转化为专利
相互包容	专利中可以包含专有技术	专有技术中也可以包含专利
缴纳年费	依法缴纳年费，维持权利	不需要缴纳

表 3－3 指出了专利与专有技术之间的主要差异。由于这种差异的存在，对法律了解不深的技术创新者在两者的选择方面会发生冲突，最常见的冲突是一方面希望获得专利的保护，另一方面又不愿意公开其技术。这种冲突如果解决不好，可能什么也得不到。例如，一项既适合专有技术保密、所有人又不愿在专利申请中公开其核心的技术，在专利审查过程中会因公开不充分而不能被授权，造成这些不能授权的文件内容属于公开的信息，从某个程度上来说使得专有技术也受到某种程度的"伤害"。

在专利代理实践上，确实存在"专利＋专有技术"相结合的保护策略。例如"云南白药"将核心配方作为技术秘密进行保护，对其不同的剂型（如胶囊、喷雾剂和创可贴）等申请专利保护。其实，这种情况在机械、电子领域也同样存在，比如一种硬件设备专利就其结构而言，一旦公开就无任何秘密可言，因为现在的反向工程已经非常发达。关键在于即使结构能够仿制，假如其中的一个部件需要特殊处理或者使用特殊材料配置才能获得最优效果，这种特殊处理方式或者使用特殊材料配置并没有在申请专利时完全公开，而是作为技术秘密被"雪藏"起来，这就是本节要引出的含有专有技术的专利。

含有专有技术的专利开放许可，从程序上与其他专利开放许可没有区别，只是该专利的实施必须依赖专有技术。因此，在开放许可实施过程中，专利权人的技术服务就非常重要了，或者从专利权人手里购买含有其专有技术的部件或软硬件，也是一种好办法。为此，针对含有专有技术的专利开放许可，为减少后续纠纷发生，一方面，需要专利权人诚信提醒，告知实施人可能存在影响实施效果的专有技术，而这部分专有技术是否收费、如何收费也应当明示；另一方面，实施人在选择一项专利技术前也应做足功课，衡量自己能否消化吸收。

第四节　其他开放许可运营模式

一、自由式开放许可与限制式开放许可

根据开放许可客体在实际使用中受到的限制情况，可将开放许可的专利分为自由式开放许可和限制式开放许可。自由式开放许可是指对开放许可的客体专利在实际使用中基本不受限制。限制式开放许可是指对开放许可的客体专利在实际使用中受限，必须解除这些限制才能实现畅通的开放许可。从某种程度来说，专利权人实行开放许可不是自由的，因而称为限制式开放许可。

在提出开放许可声明前，如果专利权具有独占许可或者排他许可合同情形，且合同有效且合同未备案，则对于已经获得独占许可或者排他许可的被许可方是不利的，因该独占许可或者排他许可合同未备案，不能对抗善意取得的第三人，开放许可予以公告；故而专利权人需要妥善处理原独占许可或者排他许可合同与开放许可实施合同之间的关系，否则就会造成已经获得独占许可或者排他许可的被许可方不满。

在提出开放许可声明前，如果专利权具有独占许可或者排他许可合同情形，且合同有效且合同已经备案，国务院知识产权行政部门在专利权人提出开放许可声明时发现，则不予公告；在公告后发现开放许可声明不符合相关规定的，应当及时公告撤回，同时通知专利权人和已备案的被许可人。

比如，一项在后改进的专利开放许可，必须依赖前一项在先授权专利的许

可。不管在先授权专利与在后授权专利的权利人是否为同一主体，当在后改进的专利开放许可时，必然受到在先专利的制约。再如，同一权利人对其拥有的多项授权专利提出开放许可申请，但这一系列专利中任何一项都不是孤立的，它们之间存在密切关联，在实施一项专利时必然受到其他专利的限制。

限制式开放许可往往因为存在原始障碍而受到限制，也可能与专利权人的实施战略相关。在实际运营过程中，自由式开放许可要比限制式开放许可简单得多，容易实现标准化运营。

二、单专利开放许可与打包式开放许可

对于同一个权利人而言，其所拥有的专利往往不止一项，有的专利权人可能拥有几十项乃至数百项专利。在实行开放许可时，有可能将其中的一项拿出来实行开放许可，即单专利开放许可；也可能将多项专利打包分别实行开放许可，即打包式开放许可。

单专利开放许可比较容易理解。专利权人也可能将其拥有的多项互不关联的专利拿出来实行开放许可，尽管是多项，但是由于互不关联，仍然为单专利开放许可。专利权人为了使其专利尽快获得投资回报，又可节省专利年费，对这些专利均采用开放许可的可能性比较大。

高明的专利权人在实行开放许可时，会将若干专利打包实行开放许可，即打包式开放许可。表面上看，各开放许可的专利独立存在，但经过分析，会发现这些开放许可的专利之间存在关联，单独实施某一专利可能无法达到被许可方的目的，例如一个完整的产品往往由多个单元（部件）组成，如果每个单元都有一项专利的话，则专利权人仅对其中一个单元的专利实行开放许可意义就不大，除非该单元的专利是非常重要且在该领域急需的。被许可方也应当甄别，以免获得一项专利实施许可根本达不到自己的目的，到头来还得再取得其他若干项专利实施许可，不仅没有降低获取技术的费用，反而会增加费用支出。

单专利开放许可相对打包式开放许可操作要简单一些。打包式开放许可的重点在于分析实行开放许可专利之间的关系、定价机制、许可使用期限的设定等。这需要专业人员去完成，因此技术经纪人或者专业服务机构介入十分必要。

在打包式开放许可中，专利权人通常在开放许可声明的其他内容里面告知实施人，除可以取得单项专利的开放许可外，还可以获得相关联的开放许可专

利包，只要实施人愿意，还能获得价格上的优惠。在实际运营过程中，单专利开放许可要比打包式开放许可简单得多，容易实现标准化运营。

三、标准式开放许可和差异化开放许可

对于大多数权利人而言，通过对外技术许可取得收益回报是进行技术创新、申请专利的主要目的之一。因此，实行开放许可收取使用费是常态，免费使用是例外。

根据新修改的《专利法》第五十条的规定可知，开放许可的许可使用费支付方式、标准是专利权人在申请开放许可时单方提出的，被许可人可以因同意（承诺）而使开放许可实施合同生效，也可因不响应，则开放许可实施合同不能达成。而且，专利权人单方提出的使用费标准和支付方式属于自行决定，没有任何人或部门进行干预。根据新修改的《专利法》第五十一条第三款的规定可知，实行开放许可的专利权人可以与被许可人就许可使用费进行协商。这就给出开放许可的许可使用费是以专利权人单方提出为主、双方协商为辅的原则。

由于专利权人与被许可方属于技术交易的相对方，其心理期望自然是相悖的，一方希望使用费回报越高越好；另一方希望使用费越低越好。既然使用费标准及支付方式是由专利权人单方决定的，在技术不变的情况下，定价机制越合理，交易就越容易达成。

不管使用费标准如何定价，一个不争的事实是技术交易的双方都不愿意进行拉锯战式的谈判，均希望越简单越好。因此，有限商讨下的快速简单交易就成为开放许可使用费标准定价的原则。

依据上述原则，开放许可可分为标准式开放许可和差异化开放许可。标准式开放许可是指不管被许可方是单位或个体，区域分布、能力规模等如何，开放许可的声明内容都完全相同。这种方式的特点是易于操作，不需要协商，对所有被许可方完全一样，即公平、合理、无歧视。差异化开放许可是指开放许可声明的内容因被许可方情况不同而发生变化。使用费标准及支付方式、技术服务内容方面有所不同，特别是技术难度较大或者包含技术秘密的专利更利于实现差异化。

在许可使用费方面，如果标准式开放许可的使用费标准为 B，那么差异化开放许可的定价可以为 $B+F$，其中 F 为技术服务费。如果不需要技术服务费，则 F 为 0；对于企业 a 的技术服务费为 F_a；对于企业 b 的技术服务费为 F_b 等。

当然，F_a、F_b需要单独商议，最终体现为许可使用费标准的不同，这也符合新修改的《专利法》第五十一条第三款规定的协商机制。如果协商不成，怎么办？新修改的《专利法》中并没有给出解决路径，依照《民法典》基本原则，协商不成就是无法达成实施许可合同，也是很正常的事情。对于技术交易活动而言，既然双方有意，那么双方让步，一定能达成交易。在差异化开放许可中，政府介入这种协商过程不合适（也不会介入），而技术经纪人介入就非常合适、非常重要了。

标准式开放许可模式是最简单的模式。一切标准都统一，操作完全透明且标准化，交易中基本不需要磋商的过程，与超市买卖商品基本相同，非常简单高效，且满足公平合理无歧视原则。标准式开放许可模式是未来技术线上标准化交易的方向，笔者非常看好。

笔者曾记得有这么一句话，这个世界本来很简单，复杂的是人心。其实技术交易也很简单，复杂的同样是人心。只有懂得放弃，才能真心拥有。但愿技术交易的双方，能够秉持成人达己的理念，使专利交易更简单、更活跃。

第四章 专利开放许可的影响因素

本章按照系统思维的方法，将对影响开放许可的主要因素进行分析，并以此为基础尽量给出相关建议，以期待开放许可运营更完善、更具成效。

影响开放许可的主要因素有很多，笔者归纳出八类影响因素，包括专利供给侧和需求侧、专利技术领域、专利技术周期、专利类型、法制环境、激励政策和税收优惠政策。其鱼骨图如图 4-1 所示。

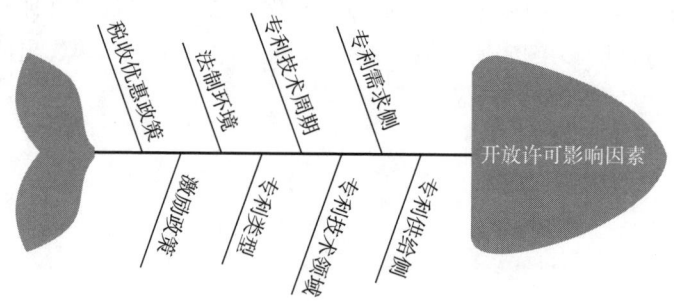

图 4-1 开放许可的影响因素鱼骨图

第一节 专利供给侧和需求侧对开放许可的影响

专利供给侧和需求侧分别是创新开始点和落脚点，通过两者的不断循环产生创新发展动能，推动技术进步和驱动经济发展。

一、专利供给侧和专利需求侧

供给侧（supply side）是指供给方面。开放许可供给侧就是专利供给方即发明人及其发明创造。

需求侧（demand side）是指供给的相对方。开放许可需求侧就是专利需求方即使用方及其所需求的专利。

国民经济的平稳发展取决于经济中需求和供给的相对平衡，技术市场的良性发展，取决于专利供给和专利需求的相对平衡。纵观我国专利发展的历史，过去很长一段时间，我国专利供给和专利需求很不平衡，甚至出现脱节现象。

1. 专利供需脱节

我国第一部《专利法》自 1985 年 4 月 1 日起施行，至今也就实施 30 多年，相对于西方发达国家近百年历史显然经验不足。虽然《专利法》在 1992 年、2000 年、2008 年、2020 年先后进行 4 次修改，并且每次修改都解决不少问题，但数量主导的专利市场一直占据重要的位置，致使专利累积数量庞大、专利转化率低下，甚至出现大量职称专利、荣誉专利、资质专利等低质量不以真正创新为目的的专利，专利供给不适应且不符合专利需求，专利供给和专利需求出现明显脱节。从创新体系建设上来看，产学研用金❶ "各唱各的调，各吹各的号"，缺乏顶层设计，没有形成合力。

2. 专利供给侧的结构性问题

专利供给侧提供的专利存在 "八多八少"：传统领域专利较多，高新技术领域专利较少；实用新型和外观设计较多，发明专利较少；外围专利和改进型专利较多，核心专利较少；专利数量较多、专利转化量较少；一般专利较多，高价值专利较少；孤岛式专利较多，高价值专利组合较少；向国内申请专利较多，向国外申请专利较少；长效专利较多，短效专利较少。专利供给结构不合理，让需求侧不知所向，供而不为所用，严重浪费社会资源。

3. 专利有效供给不足

一方面，我国是专利数量大国；另一方面，中国经济发展所需要的支撑技术供给不足，特别是高新技术领域的核心专利更是凤毛麟角。因此，多年来中国知识产权一直是知识产权引进大国，通过技术引进、消化吸收再创新途径来完成发展所需的动力，技术发展一直处于 "跟跑" 阶段。但是跟在别人后头靠技术引进始终受人制约，特别是近年来中美贸易争端，才让世界看清 "帝国主义" 的本质，狼终究是要吃人的，当它们认为需要的时候，可以随时断你的 "芯"，卡住你的 "脖子"，吸干你的 "血"。正如习近平总书记所言："关键核心技术是要不来、买不来、讨不来的。"

二、专利供给侧改革

经过改革开放 40 多年的发展，我国已经成为世界第二大经济体，经济多

---

❶　此处 "用" 指技术应用企业，"金" 指金融机构。

年来的高速增长很大程度上得益于要素驱动和投资驱动。但是，进入2014年以来，我国经济出现明显特征，要素红利渐行渐远，投资驱动风光不再。要维系经济继续快速发展，就必须加快转变经济发展方式，着力推进供给侧结构性改革，坚定不移实施创新驱动发展战略，提高发展质量和效益，加快培育形成新的增长动力。

2012年12月7～11日，习近平总书记在广东省考察工作时指出，以经济结构战略性调整为主攻方向加快转变经济发展方式，是当前和今后一个时期我国经济发展的重要任务。当前，不论从世界发展态势还是从国内发展要求来看，加快推进经济结构战略性调整都是大势所趋，刻不容缓。国际竞争历来就是时间和速度的竞争，谁动作快，谁就能抢占先机，掌控制高点和主动权；谁动作慢，谁就会丢失机会，被别人甩在后边。

2015年11月10日，习近平总书记在中央财经领导小组第十一次会议上指出，推进经济结构性改革，是贯彻落实党的十八届五中全会精神的一个重要举措。要牢固树立和贯彻落实创新、协调、绿色、开放、共享的发展理念，适应经济发展新常态，坚持稳中求进，坚持改革开放，实行宏观政策要稳、产业政策要准、微观政策要活、改革政策要实、社会政策要托底的政策，战略上坚持持久战，战术上打好歼灭战，在适度扩大总需求的同时，着力加强供给侧结构性改革，着力提高供给体系质量和效率，增强经济持续增长动力，推动我国社会生产力水平实现整体跃升。

2019年6月6日，国家知识产权局下发了《推动知识产权高质量发展年度工作指引（2019）》（国知发运字〔2019〕38号）。这是进入新时代后，我国站在知识产权大国向知识产权强国迈进的重要历史节点上，推动知识产权高质量发展的重要文件。

2019年11月11日，中共中央办公厅、国务院办公厅印发的《关于强化知识产权保护的意见》（中办发〔2019〕56号）指出，要加强知识产权保护，是完善产权保护制度最重要的内容，也是提高我国经济竞争力的最大激励。

2020年2月26日，国务院国有资产监督管理委员会、国家知识产权局下发的《关于推进中央企业知识产权工作高质量发展的指导意见》（国资发科创规〔2020〕15号）指出，要深入实施创新驱动发展战略，全面提升中央企业知识产权工作水平，进一步增强中央企业自主创新能力。

2020年4月20日，国家知识产权局印发《推动知识产权高质量发展年度工作指引（2020）》（国知发运字〔2020〕13号）指出，要着力推动高质量发展，加强顶层设计，完善法律制度，深化改革创新，强化知识产权创造、保护、运用，提升公共服务水平，更大力度加强知识产权保护国际合作，提高知识产权治理能力和治理水平，奋力开启新时代知识产权强国建设新征程。

2020 年 5 月 13 日，国务院知识产权战略实施工作部际联席会议办公室印发《2020 年深入实施国家知识产权战略加快建设知识产权强国推进计划》（国知战联办〔2020〕5 号）的通知，由中共中央组织部、中共中央宣传部、中共中央政法委、中共中央网络安全和信息化委员会办公室、最高人民法院、最高人民检察院、外交部等 38 个官方部门联合签发，形成高效的知识产权高质量发展全国联动机制。

2020 年 11 月 30 日，中共中央政治局就加强我国知识产权保护工作举行第二十五次集体学习。中共中央总书记习近平在主持学习时强调，知识产权保护工作关系国家治理体系和治理能力现代化，关系高质量发展，关系人民生活幸福，关系国家对外开放大局，关系国家安全。全面建设社会主义现代化国家，必须从国家战略高度和进入新发展阶段要求出发，全面加强知识产权保护工作，促进建设现代化经济体系，激发全社会创新活力，推动构建新发展格局。

2021 年 2 月 1 日，《求是》杂志 2021 第 3 期发表中共中央总书记、国家主席、中央军委主席习近平的重要文章《全面加强知识产权保护工作 激发创新活力推动构建新发展格局》。文章强调，创新是引领发展的第一动力，保护知识产权就是保护创新。全面建设社会主义现代化国家，必须更好推进知识产权保护工作。

以上所列作为知识产权的重要文件和重要节点都非常清晰印证了，中国知识产权已经进入新时代，以知识产权高质量发展为目标的专利供给侧改革已经开始。

三、开放许可对供给侧和需求侧的要求

交易是买卖双方对有价物品及服务进行互通有无的行为。开放许可是一种技术交易：一侧是供给专利的权利人，通过提供专利的普通许可得到许可使用费（货币）；另一侧是对专利有需求的实施人，通过支付许可使用费（货币）获取专利实施的普通许可。权利人和实施人达成共识，即完成开放许可交易。在上述交易过程中，作为开放许可客体的专利，对交易起着决定性的作用，或者说供给的专利与需求的专利必须实现高度重合，才能达成交易。

实际上，由于供给侧和需求侧分属于不同的主体，让供给的专利与需求的

专利实现完全重合实非易事。

1. 需求侧画像

需求侧自画像一般是："我"（实施人）没有研发能力或者不愿意研发，但需要一项专利技术能够给"我"带来较大的利润，让企业能够发展，甚至成为行业的"领头羊"，最好是免费的。照此逻辑，需求侧（实施人）去寻找所需专利技术，当发现市场有一种专利产品（爆款专利）非常畅销时，就会产生使用该专利的内在渴望（需求）。

"我"（实施人）不是法盲，所谓"不懂法"是忽悠人的。"我"知道询问明白人，也知道专利规避，只要能规避其专利，就可以实现专利免费使用，这是"我"最愿意看到的。不过，有的专利文件质量真的令人汗颜，似雾里看花，中看不中用。对"我"一个门外汉就能规避的专利，对于创造专利世界的专利代理师们的规避难度更不在话下，一个专利的"盾"自然很容易被"规避"。作为技术需求人，"我"真的"感谢"有这样的专利！只是苦了那些真正的发明人，如果发明人支付与技术价值相匹配的专利代理费的话，发明人的愤怒是值得同情的。

偶尔碰到铜墙铁壁式的高质量专利，"我"和自己的专利代理师们也无计可施，想得到的专利技术无法免费得到，自然很失望。不过，一方面生气，另一方面还是很尊重发明人及其专利代理师的，你们做得很棒。

"我"试图与专利权人沟通，也曾想支付一点儿专利使用费。然而，专利权人的傲慢、苛刻的使用条件、无法接受的价格、拉锯式谈判，让"我"心灰意冷，将"我"逼上另一条路线，即专利律师们告诉"我"：专利侵权不判刑；赔偿额非常低；审判周期很长；账上没钱，总不会要你的命。于是乎，"我"权衡利弊，非常自信地决定实施专利侵权，专利权人有本事去起诉吧！

过去的"我"，非常疯狂！由于我国《专利法》所规定的侵权赔偿原则基本是"填平原则"，即可以理解为赔偿额不超过专利权人的损失。对于侵权者而言，代价低，多次侵权、反复侵权经常出现，严重影响发明人创新的积极性，专利环境可以用"旧五了图"来形容：专利权人"心碎了"，律师"脸白了"，法官"努力了"，侵权者"喊冤了"，创新环境受到"伤害了"。

新修改的《专利法》实施后，情况发生了根本性的变化。加强知识产权保护，让侵权者付出代价成为时代的强音。惩罚性赔偿能够让侵权者付出惨重代价，让创新者扬眉吐气，专利环境形成"新五了图"：专利权人"满意了"，律师"笑了"，法官"轻松了"，侵权者"害怕了"，创新环境"好了"。

总之，"我"有三个特点：一是非常喜欢"爆款专利"，也就是有市场能挣钱的那种专利；二是非常痛恨专利"无法规避"，规避不了，就有可能侵权，但也非常尊重专利，愿意支付专利使用费；三是害怕"法律制裁太严"，丢人又赔钱，愿意"花钱消灾"。

2. 供给侧画像

供给侧自画像是："我"（发明人或专利权人）喜欢创新和研发，终于研发出一项"我"自认为非常不错的专利技术，已经授予专利权。"我"认为受法律保护谁也无法仿制，假如能够按照"我"的计划推进，全国 14 亿人口中有1%的人使用，那就了不得。"我"的技术是完美的，"我"的专利"不愁嫁"。

按照此逻辑，供给侧（权利人）开始给专利找"婆家"，今天做广告，没有消息；明天挂在交易市场也石沉大海；日复一日，年复一年，还是没有找到"婆家"，只好减轻经济负担，放弃缴纳专利年费，感叹"天下无知己，抱得专利归"，自行放弃专利权，"梦想"到此破灭。

偶有专利，出乎意料，大放光彩，追者如云，然仿制者猖狂令"我"恼怒在心。找来法律顾问商讨对策，法律顾问激动不已，一次起诉数家，想起每家赔偿数万元，既能制止侵权，又有可观收入，其喜洋洋者矣。

然而，一纸判决书将"我"彻底击溃，明明有专利（证书），为何不侵权？甚至怀疑专利制度立法的正确性。后来得知，专利保护靠专利法律文件，侵权者聪明得很，可以轻易规避专利法律文件逃避法律制裁，"我"捶胸顿足，悔当初申请专利时讨价还价，以至于今天"输了官司又浪费钱财"，竹篮打水一场空。

总而言之，"我"也有三个特点：一是希望自己的专利属于"爆款专利"，人见人爱；二是害怕自己的专利法律文件"形同虚设"，如同皇帝的新装，很容易规避；三是害怕"法律制裁不够"。

3. 开放许可对供给侧和需求侧的要求

通过前面供给侧和需求侧的自画像，我们可以清楚地看出，成功的开放许可交易取决于三个条件，即爆款专利、无法规避、严格保护。

（1）爆款专利

所谓"爆款专利"，就是指"具有专利的爆款商品"。爆款商品是指在商品销售中供不应求、销售量很高的商品，即通常所说的卖得很好、人气很高的商品。无爆款，不成交；无爆款，不侵权。当然，此处所说的"爆款专利"并非绝对的爆款热度，也绝非顶尖技术，只要该专利有市场，有人愿意使用，就可称为"爆款专利"。当你的专利被很多人看好甚至大量侵权时，恭喜你，至少你的创新成果很有市场。

"爆款专利"来自哪里？从技术交易的角度来看，"爆款专利"来自供给侧，即权利人或发明人一侧。一项技术要想成为爆款，它必须能够有效解决当前迫切需要解决的问题，或是当前技术的有效替代品，或是技术发展方向上的前瞻性产品，能够满足市场的强烈需求。并且这种市场的强烈需求既可以是当前的需求，也可以是经过"教育＋培育"后的市场需求。

为了获得这种"爆款专利"，研发前就需要进行技术分析和市场分析，并结合分析结果对研发的技术和产品进行预判。专利分析导航就是通过专利文献分析进而为创新决策提供参考的重要工具之一，发明人和创新主体一定要应用好。

大家对曾经疯狂的"自拍杆专利"、风靡全球的"平衡车专利"还有印象吗？只不过这些专利没有"5G"技术、"AI智能技术"高大上，但都是诠释"爆款专利"最好的例证。实际中，"爆款"热度不一定要达到沸腾的100℃，也可以是90℃、80℃。

（2）无法规避

"无法规避"就是指授权的专利不仅权利稳定性好，而且保护范围大，核心点保护准，无法通过规避实现免费使用，即实现"让侵权者无路可走"。为达此目的，就需要高质量的专利法律文件。

第一步是选择专利代理师。撰写专利法律文件是一项非常专业的工作。不懂技术不懂法，没有经过专业培训的人是不可能完成的。但是，经过专业培训的专利代理师就一定能写好吗？未必。不同专利代理师的知识结构、经验阅历、责任心大小差异较大。

第二步是对专利代理师的尊重和支持。专利代理师是来帮助你的，你要尊重他及他的劳动，同时，支付相应的报酬。这很重要，因为你不尊重他或对他指手画脚，在报酬上斤斤计较，甚至克扣他的报酬，鬼才相信他能撰写出无法规避的专利法律文件来。你应当知道，你的专利在他的手里可能是百分之一，但对你可是百分之百。你自认为的成果可能具有数亿级的产业市场，却以"白菜价"聘请专利代理师来圈定"数亿级"的产业市场，甚至采取"低价竞标"的方式采购服务商，你自己认为合适吗？应当明白，以"白菜价"购买的服务，到头来形成的专利价值也可能就是一颗"大白菜"。

第三步，就技术方案与专利代理师深度沟通。完成技术方案后，以技术交底书的形式交给专利代理师，至此，很多人就认为，我已经支付专利代理费，后面的事情就是专利代理师的工作了。如果这样，那就大错特错了，与专利代理师不进行有效沟通，他是不可能写出高质量专利文件的，因为不知道未来侵权者会如何改进或者替换技术，如何绕过技术，采取什么样的路径……没有沟通，就只能是技术交底书的技术方案A，形成专利文件A，而侵权者的规避方案A1、A2，就不侵权。这样的结果，愿意发生吗？当然不愿意。既然不愿意，就必须改变自己的认知，真正以创新为目的进行创造，将自己的发明创造以技术交底书的方式提供给专利代理师，充分尊重和支持其工作。

（3）严格保护

在前述"爆款专利""无法规避"实现的前提下，要形成开放许可交易的良性循环，必须有对专利的严格保护。没有严格的保护，就没人愿意创新。正因为如此，2020年11月30日，中共中央总书记习近平在主持学习时强调知识产权保护的"五大关系"，即知识产权保护工作关系国家治理体系和治理能力现代化，关系高质量发展，关系人民生活幸福，关系国家对外开放大局，关系国家安全。习近平总书记的重要指示将知识产权的重要性提到空前的高度。2021年，涉及知识产权的法律、法规和司法解释修订也正密集出台。通过严格的保护，让侵权人付出惨重代价，让其不敢侵权，从而形成全社会尊重创新、尊重创新成果的良好氛围，构建社会主义创新及成果交易体系的大生态。

总之，"爆款专利"和"无法规避"源于知识产权创造，严格保护源于国家法制环境。只有创造出高质量的专利，配以严格的法律保护，才能促进专利应用；也只有在专利应用收获成效时，才可进一步激励创新创造，如此循环，在技术进步一个接着一个出现的螺旋式增长过程中，社会得到发展。当前，国家抓知识产权高质量发展就是从某种程度上强化爆款专利，使得专利法律文件无法规避；国家抓知识产权从严保护就是构建创新的法制环境。如此一来，就抓住高质量发展的"牛鼻子"，抓住专利工作的关键，对促进开放许可是有力的支撑。

笔者曾经经历一个真实的案例。一家每年都申请若干专利的国企，从来没当过被告也没当过原告，过着风平浪静的日子。忽然有一天，企业领导说有一个重要项目一定要把专利拿下来，要申报国家级项目用。当然，结果是满意的，企业如愿以偿。然而直到有一天该专利产品屡被"仿制"，企业领导才说拿起专利武器，维护企业的合法权益。可结果是，仿制者进行改进和替换，成功规避了专利侵权，企业领导恼怒地要"兴师问罪"。

上述案例中，企业领导有责任，没有将知识产权作为企业经营战略的一部分来对待，对知识产权采取"用之即重视，不用时束之高阁"的态度，既没有为企业知识产权提供方针目标，也没有提供相应的资源配置，对知识产权的投入不足。这里也有技术研发人员的责任，以工作多没有时间为借口，不提供技术交底书或者提供的技术交底书仅仅是确定的产品具体结构，没有梳理出保护思想以及实现保护思想的一系列可行技术方案。这里还有专利代理机构和专利代理师的责任，低价竞争、低价中标的结果导致企业对专利代理的漠视，国内大环境以专利件数作为收费依据的收费方式，专利代理师不愿意也没有必要投入太多的精力，只能作为企业提供技术交底书的"装饰工"，而不是协助其进行"二次创造"。

目前，随着新修改的《专利法》的颁布和专利工作新格局要求，是时候进行企业专利工作转型了，转型模式如图4-2所示。

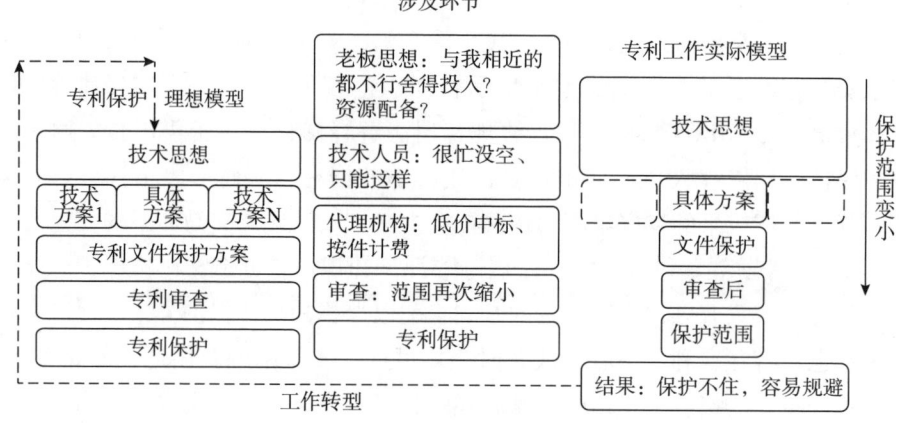

图4-2　企业专利工作转型模式

第二节　技术领域对开放许可的影响

本节所涉及的"技术领域"这一术语，对于技术人员来说再熟悉不过，然而真正要寻找教科书式的定义时却很难找到。笔者最后通过网络在《统计大辞典》中找到相应的解释。

《统计大辞典》中给出这样的定义：技术领域是在对科学技术领域（或称学科领域）分类的基础上，结合科学技术发展的特点，对其中工程和技术领域中部分发展重点进行归类而形成的。它对于制定科技政策和发展规划具有十分重要的意义。随着科学技术的发展，技术领域会不断地变化或重组。此外，出于不同的需求目的，技术领域也有不同，❶ 例如，基于专利国际分类号的技术领域分类，基于高新技术认定的八大技术领域分类等。

从严格意义上来讲，技术领域对开放许可的影响并不明显，这要从开放许可底层逻辑上进行剖析。开放许可是为了促进技术转化和实施而提供的一种普通许可方式，属于交易方式中的一种，而交易的本质在于价值交换，因此，任何领域具有价值的专利都可以作为开放许可交易的标的物。

前面，我们已经论述关于开放许可有效运行的三个条件，即"爆款专利、无法规避、从严保护"，只要满足这三个条件，任何领域的专利技术都适于进行开放许可交易。

中国人民大学法学院王海波先生曾在《当然许可在专利法中的适用》一文中指出，通过研究英国实施开放许可的有关情况，根据英国知识产权局的统计资料，2004～2015 年，英国总共有 15453 项专利登记为开放许可的客体。虽然每一年声明的数量会因为社会经济状态以及国际环境的更迭变动，但自 2008 年之后大致上为一个稳定的上升状态。据统计，在英国发出开放许可声明的主要为跨国企业。有约 70% 的开放许可来自前十名的大企业。在采用开放许可的专利技术当中，大多数技术集中在通信科技、半导体、汽车技术、物联网、人工智能等领域。❷

英国在开放许可上所表现出来的特点，笔者认为应该会适用于中国，因为对于诸如在通信科技、半导体、汽车技术、物联网、人工智能等领域方面的专利，技术本身就是基于开放、共享理念的平台经济，仅靠专利权人自己或者部分公众参与是发挥不出潜在价值的。这已经超脱传统技术和传统思维模式。但是，中国的国情决定开放许可在中国一定会有其自身的特点，因为中国的创新主体太多，中国的授权专利基数太大，中国希望将专利进行转化许可的专利权人太多。中国开放许可在技术领域方面未来会呈现以下特点。

（1）遵循域外国家运行的一般规律，在通信科技、半导体、汽车技术、物联网、人工智能等领域可能相对集中；

（2）由于创新主体基数太大，又必然是分散的；

（3）基于前沿性的技术和基于民用生活类的技术可能同时并存；

---

❶ 郑家亨. 统计大辞典 ［M］. 北京：中国统计出版社，1995.

❷ 王海波. 当然许可在专利法中的适用 ［N］. 法制日报，2019 – 09 – 16（2）.

（4）基于个人的专利开放许可活跃度更积极；

（5）涉及民生领域的专利开放许可需求旺盛；

（6）科研院所在开放许可制度施行初期可能出现大量跟随者，而后数量会逐渐减少；

（7）很多提出开放许可的专利权人在专利"无人问津"的现实面前，"自信心"受到打击，逐渐从"感性"走向"理性"；

（8）凡是容易被侵权的领域，也将是开放许可最活跃的领域。

第三节　技术周期对开放许可的影响

自然界中任何事物都有一个产生、成长、成熟、衰退的过程，技术创新也是如此。创新理论（TRIZ）之父根里奇·S. 阿奇舒勒（Genrich S. Altshuler）通过分析大量发明专利发现，技术系统的进化和生物系统进化一样都满足 S 曲线进化规律。按照 S 曲线进化规律，一个技术系统的进化过程一般要经历四个阶段——婴儿期、成长期、成熟期和衰退期，每个阶段都会呈现出不同的特点。针对每个阶段的不同特点，笔者就创新理论主要从性能参数、专利数量、专利等级、经济效益四个方面进行描述，如图 4 - 3 所示。❶

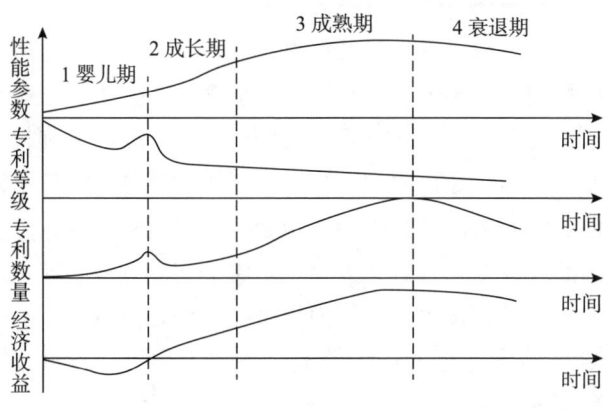

图 4 - 3　创新理论的 S 曲线进化规律

---

❶　水伯. 理解 S 曲线"新技术舆论周期"的本质，聪明人秒懂"局点和风口"［EB/OL］. （2018 - 10 - 23）［2021 - 02 - 03］. http：//www. yidianzixun. com/article/0KKpAqkE.

一、婴儿期

任何一项新的需求，通过创新活动，理论上都会诞生一个新的技术系统。在该技术系统的第一阶段——婴儿期，发展前景是不确定的，人们对它的未来难以把握，而且充满风险。

婴儿期的特征：性能参数的增长非常缓慢，专利数量少，但专利等级很高，经济收益为负。市场表现为产品还没有投放到市场或只占有很小的市场份额。

关于这个阶段的专利，一方面需求推动它走向市场；但另一个方面又受到来自专利技术自身不足、原有技术的抵抗、社会习惯抵制等因素的阻碍，而且这种阻碍会时有时无、或强或弱，时刻考验着处在婴儿期的专利技术，甚至有些创新经受不住这种考验很快就"夭折"了。

处在该阶段的专利看不见收益，尽是风险。如果按照开放许可的方式进行转化，则是不合时宜的。被许可人愿意来，是想分食蛋糕，没有人愿意分担风险。

在这个阶段产生的专利往往是基础专利或者核心专利，具有良好的市场预期，只有眼光独到者才能抓住。如果抓住机会，按照专利权转让的方式购入，那么必将"一鸣惊人"或"一枝独秀"。过去，我国处于"技术跟跑"阶段很少有人在这个阶段关注这样的专利，然而多年过去，我国在很多技术领域已经实现"并跑"甚至"领跑"的时候，关注处在婴儿期的核心专利就是企业知识产权战略的重要内容。

二、成长期

成长期也称快速发展期。进入成长期的技术系统中原来存在的各种问题逐步得到解决，产品趋于完善，并逐渐为市场接受。尤其当技术采用者人数达到临界数量（这个数量是目标用户的 10%～25%）时，扩散过程就会"起飞"，技术进入快速扩散阶段。❶ 其实，这种现象就是我们常说的"跟风"，第一个吃螃蟹者总害怕有风险，当发现有一个、两个、三个人吃螃蟹后，自己才被美味驱使不顾一切地吃起来。

性能参数增长加快，专利数量增加，专利等级开始下降，经济收益快速提

---

❶　水伯. 理解 S 曲线"新技术舆论周期"的本质，聪明人秒懂"局点和风口"［EB/OL］. (2018 - 10 - 23)［2021 - 04 - 03］. http：//www. yidianzixun. com/article/0KKpAqkE.

升。市场表现为份额越来越大，对"爆款专利"尤为抢眼。

处在该阶段的专利，因替代技术尚未出现，技术渐入佳境，被许可人资源可以得到充分利用，使用专利的风险几乎没有。专利权人实行开放许可，被许可人蜂拥而上。专利权人可以薄利多销，迅速回笼资金，占领产品市场；被许可人能够获得带来利润的专利技术，且成本低、手续简单。作为技术许可的专利权人和被许可人，各有所得，纠纷逐渐减少，技术市场和谐，因此，在专利技术的成长期是开放许可转化实施非常好的时期。

三、成熟期

这时期技术系统已经趋于完善，市场非常成熟，经济收益高且稳定。

在成熟期，性能参数的增长速度放慢，专利数量仍然很高，但专利等级非常低，经济收益高且稳定。整个市场几乎被该专利产品所占领。由于经济收益高且稳定，还会吸引一些"淘金者"继续加入，因此，此时专利开放许可也是比较好的时期。只是一些盲目跟进的被许可人并不了解也不关注，好日子不会太久，该技术已经到达辉煌的顶点，市场需求已经饱和，技术系统的各种矛盾开始显现。对于专利权人来说，在成熟期实施开放许可，也是不错的时期。

四、衰退期

衰退期是每一个技术系统在后期都避免不了的。

在衰退期，性能参数、专利等级、专利数量和经济收益四个方面均呈现快速下降趋势。市场已经开始下滑，新的技术开始出现。对于专利权人来说，在衰退期实施开放许可，效果可能比较差。因为，被许可人的顾虑与婴儿期相反。即一种是看不见结果而不敢，另一种是看得见结果而不敢。

结论：实施开放许可的"窗口期"在技术的成长期和成熟期。

对于一项创新，仅有专利，被许可人看不见、摸不着，很难感兴趣。如果专利权人或者专利权人委托孵化机构将无形专利变成有形的产品，将市场需求从"0"做到"1"，甚至有较高的市场占有率，那么实施开放许可是专利权人实现收益非常好的方式。因此可以帮助企业从重视有形资产经营过渡到重视无形资产经营，从重视生产过渡到重视研发和销售，实现企业发展不断升级。

第四节　专利类型对开放许可的影响

我国新修改的《专利法》第二条规定了三类客体，即发明专利、实用新型专利和外观设计专利。

研究专利类型对开放许可的影响，在开放许可还没有开始实施、自然没有数据支撑的情况下，我们试图从场景模拟的角度展开。如果你询问被许可人：

你为什么要取得开放许可？答曰：因为我对实施某专利感兴趣；

开放许可你认为值吗？答曰：值，因为花点小钱，获得合法许可使用，免得提心吊胆；

如果放在过去，没有开放许可制度，你会怎样？答曰：直接干得了，无非当被告，罚款不多。基于这种逻辑，我们得出一个结论：过去，发明专利、实用新型专利和外观设计专利被侵权的规律，等同于未来开放许可达成交易的规律。那么，过去发明专利、实用新型专利和外观设计专利被侵权的规律大致是怎样的呢？

笔者对2018年最高人民法院新收超过680件专利案件进行统计发现，专利侵权诉讼案件涉及的专利类型主要集中在外观设计和实用新型上，分别占55%和36%，发明占比9%。这主要是因为外观设计专利及实用新型专利更易于模仿或仿造，侵权成本较低，侵权的难易程度较低。❶

中国2015～2017年侵权专利客体的统计显示，这三年，我国专利诉讼量实际上反映了专利质量。在专利侵权中，外观设计专利侵权占近59%，总计7200余件；实用新型专利侵权占29%，总计3500余件；而发明专利侵权占12%，总计1500余件。❷

由此可以看出，近年来，涉及三类专利客体侵权中，外观设计专利约占50%，实用新型专利占30%～40%，发明专利占10%～20%。所以，未来在开放许可交易过程中的必然趋势是，外观设计专利约占50%，实用新型专利占30%～40%；发明专利占10%～20%。这一规律既符合三种专利以及侵权

---

❶　刘家含，贾旭. 2019年专利侵权诉讼案件情况浅析［EB/OL］. (2020－05－09)［2021－02－23］. http://www.kangxin.com/html/1/173/174/351/10397.html.

❷　智诚知识产权研究院. 2015—2017年中美专利诉讼对比分析报告［R/OL］. (2018－03－07)［2021－02－23］. https://www.sohu.com/a/225070233_518762.

者的特点，也符合反向工程的难易程度。

由于外观设计专利比较直观，消费者可首先感知，并且抓住外观设计专利就等于"圈住"意向客户，加上不涉及结构和技术部分，比较容易实施，当然也容易判断侵权，容易成为侵权的重灾区。越是重灾区，越容易成功获得开放许可，因此外观设计专利以近乎50%的比例排在第一名。众所周知，我国过去若干年一直是"制造大国"，赚取微不足道的"加工费"；经过多年的努力正在向"创造大国"迈进，依靠技术创新不断提升产品的附加值和核心竞争力，未来我国要从"创造大国"向"设计大国"转变。这里的设计当然包括外观设计专利，也包括将创造出来的技术产业化。

根据新修改的《专利法》第四十二条规定可知，外观设计专利权的期限为15年，均自申请日起计算。由于外观设计专利权期限延长，这对于专利权人来说是个利好因素，加之前述可被消费者首先感知、容易判断侵权等特点，外观设计专利的价值会得到提升。相信今后外观设计专利会迎来一个较大的数量增长，其开放许可必将活跃。

实用新型专利涉及产品的形状和结构，即涉及产品的技术部分，由于不能被消费者首先感知，加之在投入方面比外观设计专利复杂，因此，以30% ~ 40%的比例占据第二名，也不意外。

对于发明专利而言，由于涉及产品和方法，技术复杂，甚至看不见、摸不着，非一般人员所能为，尤其是生物、化学领域的发明专利，往往还涉及专有技术，实施投入大、周期长，因此，以10% ~ 20%的比例占据第三名。

事实上，发明专利、实用新型专利和外观设计专利三类客体，无论是从《专利法》的角度、专利权人的角度还是从实施的角度，都是平等的客体，无所谓"高低贵贱"。在实践中，人们对发明专利的"过分"偏爱只是一种"宣传"或者为了达到某一种"技术至上"的效果而已。涉及核心竞争力的"高价值发明"要抓，涉及民生的"实用新型和外观设计"也不能被忽视，要均衡发展，不可"拔苗助长"。

随着中国经济的快速发展和国际环境的变化，中国知识产权工作也在发生重大转变，即在从知识产权引进大国向知识产权创造大国转变，从"创造大国"向"设计大国"转变，从知识产权数量大国向质量大国转变。笔者认为，一段时期内中国专利的"双核结构"将会成为我们工作的重心，一是以高价值发明为中心的"硬核"，一是以高端外观设计（含实用新型）为中心"软核"，如图4-4所示。

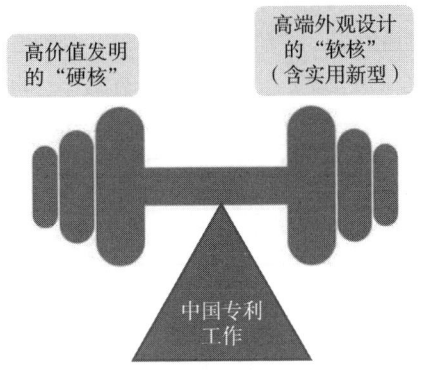

图 4 - 4　中国专利工作的"双核"结构

第五节　法制环境对开放许可的影响

法制环境对技术转移转化和开放许可的影响是非常重要的，甚至是决定性的。可以形象地说，法规是"指挥棒"，指到哪儿，市场主体就会跟到哪儿；法规是"万有引力"，朝哪个方向发展，就会把市场主体吸引到哪里；法规是"催化剂"，对市场行为具有"推波助澜"的作用。

一、站在过去看开放许可

任何法制环境都有其历史发展阶段。不同的发展时期，需要具有适应该阶段的法制环境；当市场发生变化后，法制环境就需要调整，在不断的制修订过程中逐步得到完善。

中国专利制度有其自身特点：中国专利制度起步晚，创新主体庞大，创新激情高涨，区域发展不平衡。这必然注定中国知识产权体系治理是一项复杂、庞大的工程。

1. 起步晚与发展快带来的冲突

中国《专利法》施行于 1985 年 4 月 1 日，相比于美国、英国和德国等西方主要经济体晚一两百年，注定在一个时期内中国专利制度是在"跟跑"中探索适合中国国情的知识产权法律体系。西方国家一般 20 年、30 年或者更长时间才能修改一次专利法，我国《专利法》从 1985 年至今已经修订 4 次，基本上每 10 年修改一次，由此可见中国发展速度之快。在专利事业的快速发展中必然存在一些冲突和问题，法律的不断修订就是要解决这些冲突和问题。2017 年 1 月 22 日，《每经网》刊登了一则消息"中国专利连续 6 年世界第一：'质'、'量'不平衡亟待解决"。2016 年，中国国内发明专利拥有量首破 100 万件，继美国和日本之后，成为世界上第三个国内发明专利拥有量突破百万件的国家，同时连续 6 年居世界首位。但专家指出，申请数量庞大的背后，"质"与"量"不平衡、技术含量不高、维持时间短等问题亟待解决。我们可以看出，过去的 30 多年，中国的专利从 0 件到 1 件，从 1 万件到 100 万件乃至 200 万件，从"跟跑"到"并跑"再到"领跑"，发展之快，让世界刮目。但是，也带来"质"和"量"不平衡的问题，没有"质"，开放许可交易就失去基础；具有"质"的专利"量"太少，对经济的贡献度也就小。

2. 创新主体庞大与创新激情高涨的压力

中国是人口大国，具有创新意识和创新能力的个人或组织基数庞大，特别是自李克强总理在 2014 年 9 月夏季达沃斯论坛上的讲话提出"大众创业、万众创新"以来，创新创业的激情不断得到释放，掀起了全国范围内的创新创业热潮。新技术、新产品、新业态、新模式的"四新"成果不断涌现。但是专利申请量和专利授权量大幅提升，随之而来的现象是：专利数量激增，在巨量专利面前那些高价值专利就显得凤毛麟角；由于专利数量多，专利实施率就低的矛盾越来越严重。特别是，由于过去政策的指挥棒作用，出现"专利泡沫"，例如以获得企业资质和荣誉为目的的专利申请和授权专利，不以真正创新为目的，价值不大，应当予以限制和排除。

3. 区域发展不平衡带来的冲突

中国地域广阔，区域发展非常不平衡。东西差异、南北差异、沿海与内陆的差异、改革试点区与非试点区的差异、中心城市与非中心城市之间的差异等，必然造成在专利产出及专利需求上非常明显的差距。在开放许可施行过程中也一定会遵循区域发展不平衡的规律。

4. 知识产权法律威慑力不够

由于中国是发展中国家，专利制度实施晚，经验不足，知识产权的惩治力度自然与上述国情相一致，需要在实践中不断完善。无论是国内还是在国际上，过去一段时期都存在对中国知识产权保护制度的偏见，认为保护力度弱，对侵权者威慑力不够。诚然，这种现象确实存在，但绝不是主流。对于技术交易来讲，如果没有足够的法律威慑力，或者说侵权成本低，就会使得被许可人为了追求更大利益而"铤而走险"，走向侵权之路。我们经常听到有人讲"有本事你去告吧",意思就是"我不怕""官司即使输,也赔不了几个钱"。

如果站在过去,不要说是开放许可,就连其他交易方式也不是很完美。因为专利保护不力,不用花钱或者花费很小的代价就可以仿制他人的技术,谁还愿意花高昂成本去创新呢?没有创新,核心技术在国外人手中,到时候就会有"卡脖子"甚至被置于死地的风险,最近发生的"芯片危机"不正是这样吗?令人欣慰的是,这些情况近年来正在发生根本的变化。

二、站在现在看开放许可

自2012年党的十八大以来,我国知识产权事业不断发展,走出了一条中国特色知识产权发展之路,已经进入中国知识产权工作的新时代。上至国家最高领导人,下至大众创业万众创新的普通公民,对知识产权工作的关注度空前。以下是习近平总书记自2013年以来对知识产权的重要论述,供大家共同学习。

2013年9月30日,习近平在中共中央政治局第九次集体学习时强调,要加大政府科技投入力度,引导企业和社会增加研发投入,加强知识产权保护工作,完善推动企业技术创新的税收政策,加大资本市场对科技型企业的支持力度。

2016年4月19日,习近平主持召开网络安全和信息化工作座谈会时强调,要探索网信领域科研成果、知识产权归属、利益分配机制,在人才入股、技术入股以及税收方面制定专门政策。

2016年12月5日,习近平主持召开中央全面深化改革领导小组第三十次会议时强调,开展知识产权综合管理改革试点,要紧扣创新发展需求,发挥专利、商标、版权等知识产权的引领作用,打通知识产权创造、运用、保护、管理、服务全链条,建立高效的知识产权综合管理体制,构建便民利民的知识产权公共服务体系,探索支撑创新发展的知识产权运行机制,推动形成权界清晰、分工合理、责权一致、运转高效的体制机制。

2017年7月17日,习近平主持召开中央财经领导小组第十六次会议时指出,要完善知识产权保护相关法律法规,提高知识产权审查质量和审查效率。要加快新兴领域和业态知识产权保护制度建设。要加大知识产权侵权违法行为惩治力度,让侵权者付出沉重代价。要调动拥有知识产权的自然人和法人的积极性和主动性,提升产权意识,自觉运用法律武器依法维权。

2018年4月10日,习近平在博鳌亚洲论坛2018年年会开幕式上的主旨演讲强调，加强知识产权保护。这是完善产权保护制度最重要的内容，也是提高中国经济竞争力最大的激励。对此，外资企业有要求，中国企业更有要求。今年，我们将重新组建国家知识产权局，完善执法力量，加大执法力度，把违法成本显著提上去，把法律威慑作用充分发挥出来。

2018年11月5日，习近平在首届中国国际进口博览会开幕式上的主旨演讲强调，中国将保护外资企业合法权益，坚决依法惩处侵犯外商合法权益特别是侵犯知识产权行为，提高知识产权审查质量和审查效率，引入惩罚性赔偿制度，显著提高违法成本。

2018年11月17日，习近平在亚太经合组织工商领导人峰会上的主旨演讲强调，科技创新成果不应该被封锁起来，不应该成为只为少数人牟利的工具。设立知识产权制度的目的是保护和激励创新，而不是制造甚至扩大科技鸿沟。

2019年4月26日，习近平在第二届"一带一路"国际合作高峰论坛开幕式上的主旨演讲强调，没有创新就没有进步。加强知识产权保护，不仅是维护内外资企业合法权益的需要，更是推进创新型国家建设、推动高质量发展的内在要求。中国将着力营造尊重知识价值的营商环境，全面完善知识产权保护法律体系，大力强化执法，加强对外国知识产权人合法权益的保护，杜绝强制技术转让，完善商业秘密保护，依法严厉打击知识产权侵权行为。

2019年6月28日，习近平在二十国集团领导人峰会上关于世界经济形势和贸易问题的讲话强调，我们将于明年1月1日实施新的外商投资法律制度，引入侵权惩罚性赔偿制度，增强民事司法保护和刑事保护力度，提高知识产权保护水平。

2019年7月24日，习近平主持召开中央全面深化改革委员会第九次会议时指出，要着眼于统筹推进知识产权保护，从审查授权、行政执法、司法保护、仲裁调解、行业自律等环节，改革完善保护工作体系，综合运用法律、行政、经济、技术、社会治理手段强化保护，促进保护能力和水平整体提升。

2019年11月5日，习近平在第二届中国国际进口博览会开幕式上的主旨演讲强调，为了更好运用知识的创造以造福人类，我们应该共同加强知识产权保护，而不是搞知识封锁，制造甚至扩大科技鸿沟。

2020年11月30日，习近平在中央政治局第二十五次集体学习时分别强调，知识产权保护工作关系国家治理体系和治理能力现代化，关系高质量发展，关系人民生活幸福，关系国家对外开放大局，关系国家安全。全面建设社会主义现代化国家，必须从国家战略高度和进入新发展阶段要求出发，全面加强知识产权保护工作，促进建设现代化经济体系，激发全社会创新活力，推动构建新发展格局。

创新是引领发展的第一动力，保护知识产权就是保护创新。党的十九届五中全会《建议》❶ 对加强知识产权保护工作提出明确要求。当前，我国正在从知识产权引进大国向知识产权创造大国转变，知识产权工作正在从追求数量向提高质量转变。我们要认清我国知识产权保护工作的形势和任务，总结成绩，查找不足，提高对知识产权保护工作重要性的认识，从加强知识产权保护工作方面，为贯彻新发展理念、构建新发展格局、推动高质量发展提供有力保障。要坚持人类命运共同体理念，坚持开放包容、平衡普惠的原则，深度参与世界知识产权组织框架下的全球知识产权治理，推动完善知识产权及相关国际贸易、国际投资等国际规则和标准，推动全球知识产权治理体制向着更加公正合理方向发展。要提高知识产权保护工作法治化水平。要在严格执行《民法典》相关规定的同时，加快完善相关法律法规，统筹推进《专利法》《商标法》《著作权法》《反垄断法》《科学技术进步法》等修订工作，增强法律之间的一致性。要加强知识产权保护工作顶层设计。要研究制定"十四五"时期国家知识产权保护和运用规划，明确目标、任务、举措和实施蓝图。要坚持以我为主、人民利益至上、公正合理保护，既严格保护知识产权，又确保公共利益和激励创新兼得。要综合运用法律、行政、经济、技术、社会治理等多种手段，从审查授权、行政执法、司法保护、仲裁调解、行业自律、公民诚信等环节完善保护体系，加强协同配合，构建大保护工作格局。要打通知识产权创造、运用、保护、管理、服务全链条，健全知识产权综合管理体制，增强系统保护能力。

2021 年第 3 期《求是》杂志发表习近平总书记重要文章《全面加强知识产权保护工作 激发创新活力推动构建新发展格局》，文章指出，知识产权保护工作关系国家治理体系和治理能力现代化，只有严格保护知识产权，才能完善现代产权制度、深化要素市场化改革，促进市场在资源配置中起决定性作用、更好发挥政府作用。

与此同时，为贯彻党中央和习近平总书记的指示，自党的十八大后，中国的知识产权立法进入密集期。自 2019 年后，多项法律及司法解释相继出台。

2019 年 4 月 23 日，第十三届全国人民代表大会常务委员会第十次会议通

---

❶ 此处是指《中共中央关于制定国民经济和社会发展第十四个五年和二〇三五年远景目标的建议》。

过《关于修改〈中华人民共和国商标法〉的决定》，修改条款自 2019 年 11 月 1 日起施行。这是《商标法》的第四次修改。

2020 年 10 月 17 日，第十三届全国人民代表大会常务委员会第二十二次会议通过《关于修改〈中华人民共和国专利法〉的决定》，自 2021 年 6 月 1 日起施行，这是《专利法》的第四次修正。

2020 年 11 月 11 日，第十三届全国人民代表大会常务委员会第二十三次会议通过《关于修改〈中华人民共和国著作权法〉的决定》，自 2021 年 6 月 1 日起施行，这是《著作权法》的第三次修正。

2020 年 12 月 26 日，第十三届全国人民代表大会常务委员会第二十四次会议通过《关于修改〈中华人民共和国刑法〉的决定》，自 2021 年 3 月 1 日起施行。

2020 年 12 月 29 日，最高人民法院发布《关于修改〈最高人民法院关于审理侵犯专利权纠纷案件应用法律若干问题的解释（二）〉等十八件知识产权类司法解释的决定》（法释〔2020〕19 号），自 2021 年 1 月 1 日起施行。

2021 年 3 月 2 日，最高人民法院发布《最高人民法院关于审理侵害知识产权民事案件适用惩罚性赔偿的解释》，自 2021 年 3 月 3 日施行。

为便于学习，笔者将 2021 年 1 月 1 日起施行的修改后的司法解释，汇编成表 4 – 1。

表 4 – 1 2021 年 1 月 1 日起施行的修改后的司法解释

序号	司法解释
1	《最高人民法院关于审理侵犯专利权纠纷案件应用法律若干问题的解释（二）》
2	《最高人民法院关于审理专利纠纷案件适用法律问题的若干规定》
3	《最高人民法院关于审理商标案件有关管辖和法律适用范围问题的解释》
4	《最高人民法院关于审理商标民事纠纷案件适用法律若干问题的解释》
5	《最高人民法院关于审理注册商标、企业名称与在先权利冲突的民事纠纷案件若干问题的规定》
6	《最高人民法院关于审理涉及驰名商标保护的民事纠纷案件应用法律若干问题的解释》
7	《最高人民法院关于商标法修改决定施行后有关商标案件管辖和法律适用问题的解释》
8	《最高人民法院关于审理商标授权确权行政案件若干问题的规定》
9	《最高人民法院关于人民法院对注册商标权进行财产保全的解释》
10	《最高人民法院关于审理著作权民事纠纷案件适用法律若干问题的解释》
11	《最高人民法院关于审理侵害信息网络传播权民事纠纷案件适用法律若干问题的规定》

续表

序号	司法解释
12	《最高人民法院关于审理植物新品种纠纷案件若干问题的解释》
13	《最高人民法院关于审理侵犯植物新品种权纠纷案件具体应用法律问题的若干规定》
14	《最高人民法院关于审理不正当竞争民事案件应用法律若干问题的解释》
15	《最高人民法院关于审理因垄断行为引发的民事纠纷案件应用法律若干问题的规定》
16	《最高人民法院关于审理涉及计算机网络域名民事纠纷案件适用法律若干问题的解释》
17	《最高人民法院关于审理技术合同纠纷案件适用法律若干问题的解释》
18	《最高人民法院关于北京、上海、广州知识产权法院案件管辖的规定》
19	《最高人民法院关于审理侵害知识产权民事案件适用惩罚性赔偿的解释》

从上面国家层面关于知识产权的指示意见到知识产权法律体系的建设一系列成就，我们可以清晰地看到，知识产权工作已经进入新时代。正如 2020 年 11 月 30 日习近平总书记在中央政治局第二十五次集体学习所概括的"五个关系"，这种新发展格局必将营造出开放许可的适宜法制环境。我们相信，开放许可交易的春天即将到来。

第六节 开放许可的激励政策和税收优惠政策

前面我们已阐述开放许可的法制环境。这是开放许可能否有效实施的根本，也是对创新的最大激励；没有这些保障，开放许可犹如无源之水、无本之木。

接下来，我们将梳理并研究关于开放许可的激励政策。由于篇幅所限，不能附上政策全文，只能将与技术许可或技术交易有关的条款摘录出来，因此下文的有些内容是不连续的。读者如需要全文，可以根据文号去查找阅读。

新修改的《专利法》第五十一条第二款规定："开放许可实施期间，对专利权人缴纳专利年费相应给予减免。"该条规定涉及专利年费减免。尽管新修改的《专利法》已经施行，但该项政策何时落实、怎样落实还需要等待《专利法实施细则》修改并发布后方可知晓。

《专利法实施细则修改建议（征求意见稿）》第一百条规定："申请人或者专利权人缴纳本细则规定的各种费用有困难的，可以按照规定向国务院专利行政部门提出减缴请求。减缴的办法由国务院财政部门会同国务院价格管理部门、国务院专利行政部门规定。"该条规定涉及专利其他费用的减缴，包括开放许可涉及的专利权评价报告费用。在新修改的《专利法》生效后的开放许可中，实用新型和外观设计专利需要专利权评价报告。而专利权评价报告费用相对专利申请费而言较高，不但增加专利权人的成本，无形中也增加开放许可交易的"障碍"，但愿国家能从激励政策层面给予解决。

《专利法实施细则修改建议（征求意见稿）》新增第七十二条之六规定："国务院专利行政部门应当建设专利信息公共服务平台，完善全国专利信息服务网络，提供专利信息基础数据，培养专利信息人才。除专利法规定需要保密之外，专利信息基础数据由国务院专利行政部门通过建立内容完整、格式规范的数据库，以互联网等多种方式提供。"该条属于通过政府提供公益的公共服务，激励促进专利实施转化。

《促进科技成果转化法》2015年8月29日第十二届全国人民代表大会常务委员会第十六次会议修正，是从另一角度给出促进技术转化的法律依据。

第四条　国家对科技成果转化合理安排财政资金投入，引导社会资金投入，推动科技成果转化资金投入的多元化。

第五条　国务院和地方各级人民政府应当加强科技、财政、投资、税收、人才、产业、金融、政府采购、军民融合等政策协同，为科技成果转化创造良好环境。

地方各级人民政府根据本法规定的原则，结合本地实际，可以采取更加有利于促进科技成果转化的措施。

第三十四条　国家依照有关税收法律、行政法规规定对科技成果转化活动实行税收优惠。

《国家税务总局关于技术转让所得减免企业所得税有关问题的通知》（国税函〔2009〕212号）规定："技术转让收入是指当事人履行技术转让合同后获得的价款，不包括销售或转让设备、仪器、零部件、原材料等非技术性收入。不属于与技术转让项目密不可分的技术咨询、技术服务、技术培训等收入，不得计入技术转让收入。"

《财政部 国家税务总局关于居民企业技术转让有关企业所得税政策问题的通知》（财税〔2010〕111号）规定："技术转让，是指居民企业转让其拥有符合本通知第一条规定技术的所有权或5年以上（含5年）全球独占许可使用权的行为。"

国家知识产权局、教育部等13部门印发的《关于进一步加强职务发明人合法权益保护促进知识产权运用实施的若干意见》（国知发法字〔2012〕122号）规定："提高职务发明的报酬比例。在未与职务发明人约定也未在单位规章制度中规定报酬的情形下，国有企事业单位和军队单位自行实施其发明专利权的，给予全体职务发明人的报酬总额不低于实施该发明专利的营业利润的3%；转让、许可他人实施发明专利权或者以发明专利权出资入股的，给予全体职务发明人的报酬总额不低于转让费、许可费或者出资比例的20%。国有企事业单位和军队单位拥有的其他知识产权可以参照上述比例办理。"

《国家税务总局关于技术转让所得减免企业所得税有关问题的公告》（国家税务总局公告2013年第62号）规定："可以计入技术转让收入的技术咨询、技术服务、技术培训收入，是指转让方为使受让方掌握所转让的技术投入使用、实现产业化而提供的必要的技术咨询、技术服务、技术培训所产生的收入，并应同时符合以下条件：

（一）在技术转让合同中约定的与该技术转让相关的技术咨询、技术服务、技术培训；

（二）技术咨询、技术服务、技术培训收入与该技术转让项目收入一并收取价款。"

《国家税务总局关于许可使用权技术转让所得企业所得税有关问题的公告》（国家税务总局公告2015年第82号）规定："自2015年10月1日起，全国范围内的居民企业转让5年（含，下同）以上非独占许可使用权取得的技术转让所得，纳入享受企业所得税优惠的技术转让所得范围。居民企业的年度技术转让所得不超过500万元的部分，免征企业所得税；超过500万元的部分，减半征收企业所得税。"

《财政部、国家税务总局关于全面推开营业税改征增值税试点的通知》（财税〔2016〕36号附件3）规定，……纳税人提供技术转让、技术开发和与之相关的技术咨询、技术服务，免征增值税。

《个人所得税法》作出下列规定。

第二条　下列各项个人所得，应当缴纳个人所得税：

（一）工资、薪金所得；

（二）劳务报酬所得；

（三）稿酬所得；

（四）特许权使用费所得；

（五）经营所得；

（六）利息、股息、红利所得；

（七）财产租赁所得；

（八）财产转让所得；

（九）偶然所得。

居民个人取得前款第一项至第四项所得（以下称综合所得），按纳税年度合并计算个人所得税；非居民个人取得前款第一项至第四项所得，按月或者按次分项计算个人所得税。纳税人取得前款第五项至第九项所得，依照本法规定分别计算个人所得税。

第三条　个人所得税的税率：

（一）综合所得，适用百分之三至百分之四十五的超额累进税率……

（三）利息、股息、红利所得，财产租赁所得，财产转让所得和偶然所得，适用比例税率，税率为百分之二十。

第六条　应纳税所得额的计算：

（一）居民个人的综合所得，以每一纳税年度的收入额减除费用六万元以及专项扣除、专项附加扣除和依法确定的其他扣除后的余额，为应纳税所得额。

……

（五）财产转让所得，以转让财产的收入额减除财产原值和合理费用后的余额，为应纳税所得额。

劳务报酬所得、稿酬所得、特许权使用费所得以收入减除百分之二十的费用后的余额为收入额。稿酬所得的收入额减按百分之七十计算……。

《个人所得税法实施条例》

第六条　个人所得税法规定的各项个人所得的范围：

……

（四）特许权使用费所得，是指个人提供专利权、商标权、著作权、非专利技术以及其他特许权的使用权取得的所得；提供著作权的使用权取得的所得，不包括稿酬所得。

……

（八）财产转让所得，是指个人转让有价证券、股权、合伙企业中的财产份额、不动产、机器设备、车船以及其他财产取得的所得……。

《财政部办公厅 国家知识产权局办公室关于实施专利转化专项计划 助力中小企业创新发展的通知》（财办建〔2021〕23 号）指出：

主要思路：贯彻新发展理念，以更高质量的知识产权信息开放和更高水平的知识产权运营服务供给，主动对接中小企业技术需求，进一步畅通技术要素流转渠道，推动专利技术转化实施，唤醒未充分实施的"沉睡专利"，助力中小企业创新发展，推动构建新发展格局。

资金支持：国家知识产权局、财政部对有关省份开展专利转化专项计划给予政策支持。国家知识产权局、财政部根据绩效评价结果，对方案完善、措施得当、工作推进有力、专利技术转化运用成效显著的省份给予1亿元的奖补资金，获得奖补资金的省份下一年度原则上不再予以奖补。有关省份可以结合自身实际，将奖补资金统筹用于深入推进工作实施，聚焦专利技术供需对接和转化应用两个重点环节，鼓励但不限于采取以奖代补、购买服务、股权投资、贷款贴息等方式，支持相关方梳理、盘点、发布可转化的专利技术，提供专利技术供需对接服务，辅导中小企业获取专利技术等；支持中小企业转化应用专利技术，开展知识产权质押融资等。

鉴于上述诸多优惠政策，对于专利权人和被许可人的涉税政策，总结如下。

（1）如果开放许可的专利权人是企业，则涉及的税收政策是：①免增值税。②企业所得税：不超过500万元的部分，免征企业所得税；超过500万元的部分，减半征收企业所得税。需要注意的是，一是如果开放许可期限小于5年的，不能享受①和②。二是技术咨询费、技术服务费、技术培训费最好一并纳入专利许可使用费中，按单一专利许可使用费收取，即"同一主题、同一合同、同一发票"。即使将技术咨询费、技术服务费、技术培训费分开，也必须是"三统一"，即"同一主题、同一合同、同一发票"。

（2）如果开放许可的专利权人是个人，涉及的税收政策是：

个人所得税＝［（个人全年其他所得＋开放许可专利使用费合同收入 × 20%）－60000（元）－扣除项（专项扣除＋专项附加扣除＋依法确定的其他扣除）］×（3% ~45%）。

（3）专利权人如果是单位，还涉及研发经费的加计扣除，地方研发经费奖补。

（4）地方给予的助力中小企业创新发展的专项计划资金支持专利权人推动专利技术转化实施，唤醒未充分实施的"沉睡专利"。

第五章　专利开放许可运营
可能出现的问题及对策

开放许可制度随着现行《专利法》于 2021 年 6 月 1 日开始施行，虽然在国外已经存在近百年，但在中国还是头一遭，无法预测在实施过程中会出现什么样的情况，国外的经验未必适合中国，因为中国的国情与他国不同。对于施行后可能出现的问题，部分学者也曾作过一些预测，都是从学术角度出发的。笔者从运营实践的角度分析开放许可存在的问题，并提出解决办法，以期开放许可制度在施行后，企业或个人能够少走弯路，产生较好的效果。

第一节　开放许可声明的数量可能超出预期

作为国内新引入的技术交易方式，在施行初期由于人们对其了解不多，实行开放许可的专利可能不会太多，但接下来，会不会出现爆炸式增长？数量甚至会超出人们的预期。

笔者这样推测并不是因为符合开放许可交易条件的专利数量多，也不在于这些专利的质量高与低，而是在于：开放许可可以为众多专利权人提供一个有官方背景的技术交易平台，使其获得更多交易机会，更何况进入该交易平台后还可以享受专利年费减免，这些专利权人正处于转让不成、放弃不舍的两难境地。于是乎一哄而起，是非常可能的。

那么，究竟会有多大比例的授权专利提出开放许可，没有人知道，但比例肯定不会太低。这主要取决于影响开放许可的两个方面，即专利年费减免政策和专利权评价报告费用有无政策。

如果从开放许可声明公告起开始享受"开放许可实施期间年费减免"，那么该数量真的可能超出预期！如果从签署第一份开放许可实施合同起开始享受（实施许可合同备案），一切都会发生变化，将走向另一种极端——开放许可的授权专利将会减少。因此，"开放许可实施期间年费减免"政策从何时开始，成为影响专利权人开放许可积极性的重要因素，看来还需要有权机关进一步解释。笔者建议从开放许可声明公告起开始享受"开放许可实施期间年费减免"，这会使开放许可交易活跃起来。

其实有些专利权人对"开放许可实施期间年费是否减免"并不关注，甚至愿意自己承担年费，这样的专利一定是好的专利，这样的专利权人一定非常自信。因为一旦技术交易成功，那点专利年费减免也算不上什么。这类专利权人目前虽然不是主流，但是未来一定会成为开放许可的中坚力量。笔者希望这样的专利、这样的专利权人越多越好。

假如开放许可数量庞大，开放许可专利年费减免必然会降低国家财政收入。不过，在笔者看来，这种影响甚微，因为专利年费收入在国家财政收入里占比很小，为了促进专利转化，这点儿损失国家财政完全是可以承受的。

假如开放许可数量庞大，可能导致有效开放许可的转化率低，转化率低是否会引起舆情的连锁反应，而舆情的反应又是否会增加政策面对开放许可制度的影响，这都是需要注意的。

针对开放许可声明可能数量庞大的问题，解决的办法不能只靠堵。笔者认为，可以参照强制许可的方式，规定自开放许可声明公告之日起满3年，没有办理过开放许可实施合同备案的，自下一个年度开始恢复缴纳专利年费，这是一种可行的办法。另外一个办法就是从根本上解决专利质量问题，降低无效开放许可声明的数量，增加有效开放许可量，从而提高开放许可的转化率。目前，政府正在稳步推进。

第二节　确定合理的专利使用费标准

前面我们介绍了标准式开放许可和差异化开放许可两种类型，这是从许可使用费标准和支付方式不同来区分的。就开放许可实际运营来看，很多学者自然会提出差异化的许可方式，他们的理由是由于被许可人所在地区的情况不同，被许可人的条件不同，开放许可的使用费自然不同；再者，任何一种交易都需要有协商的过程，只有实行差异化的方式，才更能体现当事人的意思，有利于促成交易。为此，新修改的《专利法》第五十一条第三款给出"实行开放许可的专利权人可以与被许可人就许可使用费进行协商"的规定。

从开放许可的实际运营来看，实际情况与我们的想象正好相反，越是简单越容易成交，越透明越有利于建立交易信任。如果针对开放许可的使用费标准和使用方式与每个愿意取得许可的被许可人都要进行协商，那就又回到从前无休止的拉锯战式的商务谈判，这样会吓跑许多愿意实施专利技术的被许可者。根据新修改的《专利法》第五十一条第一款的规定，笔者认为此条款的立法本意是希望开放许可越简单越好，即在满足公平、合理、无歧视的前提下，交易环节要简单、简单再简单，透明、透明再透明，如同一个可复制的标准模板，简单而有成效。可以想见，基于相同规则的标准式开放许可必将成为开放许可的主流。

在标准式开放许可运营中，一个迫切需要解决的问题就是使用费标准的确定。如果定得高，就无法达到实行开放许可的目的；如果定得低，专利权人心理上就无法接受。不管定高还是定低，想要调整又非常困难，因为开放许可基本上是在公开、合理、无歧视的全透明场景下进行的，交易双方就主要条款基本上不存在信息不对称的情况，且每次都需要经历向国务院知识产权行政部门提出申请、经公告的法律程序，还要顾及已经生效的开放许可实施许可合同。因此，确定开放许可的使用费标准是一项比较复杂的事情。

生活中人们常说"复杂问题简单化""越是想得到的就往往越得不到"。由于专利权人是开放许可中主动的一方，开放许可能否成交与其有直接关系。因此专利权人的心态至关重要，其创新的目的要在追求个体财富和社会价值两方面进行权衡，要懂得舍与得的关系。要明白世界上没有任何一项技术是不可逾越的；要知道一项技术是有生命周期的；要知道"皇帝的女儿也有嫁不出去的时候"；要知道专利能够转化就是财富，转化不出去就无法产生价值；当机会来临就要抓住，错过这个机会新的机会还不知在什么时候。

当专利权人明白这些道理后，确定开放许可的使用费标准将不再困难，价值评估、合理对价、价格磋商等都不重要了，每年专利使用费10万元也好，100万元、500万元也罢，只要自己认为值就好。这会减少专利权人的很多麻烦和顾虑，让专利权人在决定时更轻松。

有的读者不免会提出：一项专利怎能这样随意定价？这样做会不会将创新成果价值贬低化？是不是不尊重发明者的创造性劳动？会不会出现交易不对等？是否出现国有资产流失？等等。

在此，笔者重申，本书主要致力于开放许可交易实务，是从交易实务出发的而不是在进行理论研究，一切以成交为优先。由于开放许可方式与其他许可方式不同，有其独特性，追求交易的简单化，面对可能众多的"任何单位和个人"，一个收费标准、一种支付方式，成为简单化中专利权人的必然选择。在开放许可的制度框架下，你要么接受，要么再回到老路上。当然，针对不同的专利可以有不同的定价策略，这在理解上不能偏颇。

其实，上面已经给出确定开放许可使用费标准最有效的办法——心理定价策略。心理定价策略是指企业定价时，利用顾客心理有意识地将产品价格定高些或低些，以扩大销售。心理定价策略主要包括习惯定价、声望定价、尾数定价和招徕定价。❶ 这种定价策略既适合专利权人，也适合被许可人。对专利权人来说，心理定价策略可以作为一种定价的总原则，既要满足自己的心理渴望，又要满足被许可人的心理需求，如果能实现双方心理共鸣，交易就自然而成。

然而，心理定价也不是胡乱定价，还需要一定的理论支撑，具有普通许可性质的开放许可的许可使用费标准可以参照如下方法确定，以便给出能够估算总使用费或者年度使用费的一种方法。❷❸

1. 美国的拇指原则

提取不超过税前毛利的 25% 作为专利许可费，可以按照年度税前毛利来计算当年的专利许可费。

2. 5% 提成法

许多发展中国家或新兴工业化国家规定，专利许可使用费的提成率不超过净销售额的 5%。

3. David 法

David 法是美国著名专利律师 David E. Wang 在总结"拇指原则"及"5% 提成法"的基础上提出的一种新方法。其计算公式为：

$$R = S \times X\% \times I \times V$$

其中，R 为每年专利普通许可使用费，S 为专利产品年销售收入，$X\%$ 为合理的销售提成比例，I 为被许可人使用或未来使用专利产品的风险，V 为专利的有效性或稳定性。该公式中，I 和 V 的取值具有一定的主观性。

4. 终端产品法与最小可销售单元法

终端产品法是在计算专利许可使用费时，以终端产品的销售价格作为计价

---

❶ 冯俊华. 企业管理概论［M］. 北京：化学工业出版社，2006.

❷ 神奇的明. 如何计算专利实施许可费［EB/OL］.（2017－06－01）［2021－01－20］. http：//www.360doc.com.

❸ 国家知识产权局专利局专利审查协作江苏中心. 标准与标准必要专利研究［M］. 北京：知识产权出版社，2019：217－218.

依据，由于终端产品的销售价格远远高于产品零部件的价格，因此以终端产品法来计算许可使用费对专利权人来说是非常合适的，但是对被许可人是不合理的。国外实践中，为防止专利权人获取非侵权零部件的收益，避免专利被"劫持"，出现一种将专利许可使用费的计算基础"分割"至产品中相应的专利技术特征的零部件上，以最小可销售单元计算许可使用费的方法。

但是，以最小可销售单元计算许可使用费也有其缺陷。比如，造成专利技术对产品贡献度的低估；专利技术使整个产品的价格提升的溢价也被忽视。尽管如此，最小可销售单元法仍然是一种主要方法，只有在有足够证据证明"因被授权专利的特征驱动对整个多组成部分产品的需求"时，才可以考虑终端产品法。

5. 比例原则

比例原则多用于知识产权侵权纠纷时，当一种侵权产品侵犯多项知识产权权利时，在确定赔偿额时需要考虑不同的知识产权权利类型对产品的价值的贡献度问题，在赔偿上体现比例原则。典型案例是 2015 年 6 月 18 日第 6 版《人民法院报》刊发的福建省高级人民法院对珍视明公司诉源盛药业公司侵害外观设计专利权纠纷案的判决（〔2015〕闽民终字第 562 号）。

具体到该案，原告珍视明公司的产品同时存在两项知识产权权利，一项是"珍视明"商标权利，一项是"包装盒"外观设计专利权利。法院通过审理查明，"珍视明"商标经过原告的长期使用和推广，在相关市场内占有较高比例的份额，且被评为省著名商标以及被行政部门认定为驰名商标，可以认定"珍视明"品牌已经具有较高的知名度，"珍视明"滴眼液产品已经和珍视明公司之间建立起比较固定的联系。涉案的滴眼液产品属于人体用药，销售场所为专业药店，与一般的消费商品有所区别。对于消费者来说，购买医药产品时，消费者的注意力主要集中在产品的药效及生产厂家的品牌声誉度，产品的品牌对于消费者更具有指向性，对于产品的美观度则往往放在次要位置甚至不太被注意。因此，原告产品的"包装盒"虽然亦拥有外观设计专利权利，从外观设计专利的权利属性来说，产品的外观主要是发挥美观性作用。所以两相比较，商标权与专利权均为法定权利，权利属性不同，并无孰优孰劣之分，但从价值的贡献度来说，原告产品上的"珍视明"商标较"包装盒"外观设计专利来说，对产品整体价值的贡献度是主要的。

在商标侵权一案中，被告因侵权行为承担停止侵权及赔偿损失 3 万元的法律责任。在专利侵权一案中，法院之所以只判决被告赔偿 1 万元，与商标侵权的赔偿额有所区别，是因为贯彻了比例原则，通过衡量权利类型对产品整体价值的贡献度来确定赔偿额。

该案例似乎与专利开放许可收取专利使用费无关，不过，试想一下，专利被许可人如果发现其希望生产的产品上具有多项专利权，专利权人对这些专利权均进行开放许可，此种场景下，专利许可使用费应该单个独立收取、打包收取还是比例收取？笔者认为，简单的办法是打包收取，复杂的办法是单个独立收取，合理的办法是比例收取。

6. 事前基准法

事前基准法是在苹果 VS 摩托罗拉案中，法官 Posner 采用的方法是确定标准必要专利的许可使用费。其思路是，首先了解专利在被纳入标准之前，被许可人获取专利许可的成本即在先许可协议，以衡量该专利作为必要专利的价值。

对于开放许可专利使用费标准的确定，专利权人也可以先确定在先专利许可协议或者可以参照的专利许可使用费标准，在此基础上考虑开放许可专利应收取的许可使用费。通常而言，开放许可的使用费要比一般的普通许可使用费要低一些，但对于特别抢手的"爆款专利"而言，可以与一般的普通许可相同，但高于一般普通许可的可能性不大。

7. 价值评估法

此种方法包括成本法、收益法、市场法，目前已成为国内应用的主流。一般而言，专利权人在进行发明创造时投入的精力和经济资源越多，开发的难度越大，专利使用收取的许可费就越高。通常而言，以专利实施预期年收益总额为基数，专利独占许可的许可费（一次性）是其 5～8 倍，并且有更高的情况；即使专利价值很高，专利普通许可的许可费仅控制在其50%～100%。❶

需要说明的是，对于价值评估法，人们总是试图通过理论精准计算一项专利的价值，如同计算导弹的弹着点一样那么认真，其在理论界作为研究本无可厚非，但在实务界，一切以交易双方在法律框架下达成协议为目的，理论评估值再精准，市场也未必接受，除涉及国有资产的交易外，真正按照评估值进行交易的并不多见。

另外，进行价值评估需要一笔不小的开支，对于尚未有投资回报的专利权人来讲也是一个负担，因此，不应过分强调价值评估。专利权人也应当明白，

---

❶ 张洋. 我国专利当然许可制度的适用性及完善：评《专利法（修订草案送审稿）》相关条款[J]. 知识产权，2016（6）：102－106.

在评估时不要因小失大，该模糊时不要穷算计。

8. 协同原则

前面介绍了开放许可使用费标准确定的一些原则和方法，包括笔者所归纳的专利权人"薄利多销"、被许可人"众筹专利"以及"开放许可使用费的价格一般低于单独许可使用费"等理念，似乎在告诉读者"开放许可专利使用费不能高，高了交易就很难成功"，其实，大多数时候不应当是这样的。

不过，对于开放许可的专利权人来说，一方面要通过开放许可实现专利的市场化，另一方面还要注意开放许可使用费的高低所带来的法律问题。如果实行开放许可的专利受到侵权，在计算侵权赔偿数额时，开放许可使用费可以作为确定赔偿额的依据之一。这将在第十一节详细介绍。

第三节　确定合适的支付方式

前节介绍了在开放许可场景下专利许可使用费标准的确定，这只是解决了专利许可使用费的一个问题，另一个问题就是专利许可使用费的支付方式问题。

《民法典》第八百四十六条规定：

技术合同价款、报酬或者使用费的支付方式由当事人约定，可以采取一次总算、一次总付或者一次总算、分期支付，也可以采取提成支付或者提成支付附加预付入门费的方式。

约定提成支付的，可以按照产品价格、实施专利和使用技术秘密后新增的产值、利润或者产品销售额的一定比例提成，也可以按照约定的其他方式计算。提成支付的比例可以采取固定比例、逐年递增比例或者逐年递减比例。约定提成支付的，当事人可以约定查阅有关会计账目的办法。

当事人约定的使用费支付方式及其特点如表5-1所示。

表5-1　当事人约定的使用费支付方式及其特点

支付方式	主要内容	对交易双方的影响	存在问题及适用场景
一次总算、一次总付	当事人将合同价款一次算清并全部一次性支付	主要风险转移至被许可人	简捷便利，适于数额不大的许可交易
一次总算、分期支付	当事人将合同价款一次算清并分期支付	风险相对合理分担	余款部分容易发生纠纷

支付方式	主要内容	对交易双方的影响	存在问题及适用场景
提成支付	①可以按照产品价格、实施专利后新增的产值、利润或者产品销售额的一定比例提成，也可以按照约定的其他方式计算；	许可人风险加大，设定预付入门费指被许可人首先在一定期限内向许可方支付一部分固定的价款，称为"入门费"，其余的价款则采用提成方式分期支付	许可人提成不容易落实。入门费不同于定金，具有预付款的属性。适于技术比较成熟、市场前景稳定、技术价格较高的技术交易
提成支付 + 预付入门费	②提成比例可以是固定比例、逐年递增比例或者逐年递减比例；③可以约定查阅有关会计账目的办法		

　　按照开放许可的特点，其可以称为"简约"的专利许可交易方式，因此专利使用费也必然体现出"简约"的特点。

　　一次总算、一次总付是开放许可交易专利使用费支付方式的一种方案。这里的一次总算、一次总付可以是开放许可期间内的，例如开放许可期限为5年，将5年的专利许可使用费一次总算、一次总付。采取这种方式，专利权人可以直接得到当期许可使用费，且没有后遗症，但被许可人需要慎重。如果被许可人在取得专利开放许可之前已经"做足功课"，对专利技术有"深度"了解，甚至在没有取得专利开放许可之前就已经在"实验室或者车间"秘密仿制出专利产品，因此在实施方面也不会有大的障碍，属于"看得见、能赚钱"的专利，可以谨慎采取这种支付方式；否则，对被许可人来说，一旦合同履行发生问题，将非常被动。

　　对一次总算、分期支付，只要分期支付，对于专利权人来说就容易出现问题，被许可人会以各种理由延期付款或者拒绝付款。所以开放许可声明的内容必须涵盖因被许可人违约而承担责任的条款。

　　如果按照提成方式确定使用费及支付方式，看似对双方公平合理，然而这是最不便于操作的方式，因为提成比例容易确定，但提成基数不容易准确确定，专利权人无法确定产品真实价格、真实产值、利润或者产品销售额。到头来"公婆打官司——各说各的理"，最后闹得不欢而散。

　　"一次性支付年度使用费"是开放许可最理想的使用费支付方式。专利权人一定要强调"年度使用费"。之所以采用"年度使用费"，一是因为年度使用费是专利许可交易中习惯用法，一年一结、非常清晰；二是因为有些开放许可虽然也适合一次支付多年的使用费，但这样的情况少之又少；三是因为对被许可人而言比较灵活，用时支付年度使用费，合同成立，不用时停止支付；四是因为专利权人一定要在开放许可声明中强调"被许可人已支付的年度使用费不得以任何理由要求退还""被许可人必须按时足额支付年度使用费，否则视为侵权"，否则专利权人会很被动。

专利权人需谨记，只要专利开放许可获得成功，就一定是"爆款专利"，因为被许可人有求于你，即使条件苛刻一点儿，被许可人也可以接受，因为使用你的专利他能够利润可观。

第四节　开放许可期限的确定

由于开放许可的开放性，技术许可双方的很多权利和义务是通过开放许可声明的内容来体现的，被许可人只能被动地接受或不接受专利权人的声明内容，因此，开放许可期限的确定取决于专利权人。

那么专利权人应该如何确定开放许可的使用期限？

以往的普通许可期限大多以年为单位，例如，许可使用 1 年、2 年或者多年，当然不会超过专利权有效期，实际许可的期限一般 1~3 年居多，主要原因是许可双方都存在顾虑和试试看的心理：合适，就多合作几年；不合适，就停止使用。

对于开放许可，上述情况仍然适用，但开放许可的使用期限还具有其特殊性。

1. 开放许可使用期限越长越好

开放许可声明需要经国务院专利行政部门公告。由于国家行政权力的介入，对于大多数专利权人来说，除非专利权期限受限，将开放许可的期限定为 1 年的可能性不大，否则到期后，专利权人就需要再申请一次，再审核一次并再公告一次，这样太麻烦了。如果再次申请开放许可不成功，又会影响专利年费的减免，这是专利权人不愿看到的。另外，将开放许可的期限定为 1 年，时间太短，任何被许可人在获得一项专利的许可后，都需要进行各种生产准备、投资准备，开放许可的期限时间太短显然不利于被许可人作出愿意使用该专利的决定，不利于专利交易和技术实施。再者，当一项授权专利取得开放许可后，专利权的转让或者被独家许可的情况几乎不会发生。因此，从专利权人的角度来看，开放许可的使用期限越长越好，最好是专利权的全部有效期，这使得专利权人可以获得全部有效期内的专利年费减免，同时可以减少不必要的麻烦。对于被许可人也没有太大的影响，许可使用费按年度缴纳，不使用时停止支付年度使用费即可；欲恢复使用时，再及时缴纳使用费。

2. 专利权有效期内的特殊情况处理

如前所述，无论对于许可人还是被许可人，开放许可使用期限都越长越好。但是，开放许可是有期限的，最长不能超过专利权的期限。因此，一种"万能公式"可以将开放许可的期限限定为——"自实行开放许可开始至专利权终止，"或者直接填写专利权的最后期限。虽然时间很长，但是若中间发生变故，可以通过撤回开放许可声明来实现。

但这样会出现另一个问题，即实行开放许可的期限可能出现不完整年度，甚至出现几个月或几天。

由于开放许可的使用费是按年度支付的，与专利年费的计算方式是一样的，比如 2020 年 3 月 3 日某一被许可人向专利权人提交愿意获得开放许可的书面通知并且足额支付当年度专利使用费，于是开放许可实施合同生效，第二年度专利许可使用费应在 2021 年 3 月 3 日前支付，第三年度专利许可使用费应在 2022 年 3 月 3 日前支付。假如专利权的有效期截至 2022 年 1 月 3 日，这样第三年专利许可期限就不是完整的年度，而是 10 个月。

对于这种情况，专利权人应当通过开放许可声明予以明确或者与被许可人协商，年度专利许可使用费按月或按天计算即可。

3. 许可期限的宽展期约定

许可期限的宽展期是指，当许可期限届满或者被许可人下一个年度不再支付专利年度使用费时，被许可人仍然以"上年度生产积压"为借口继续销售（包括生产）专利产品，专利权人在开放许可声明中可以明确"只要不按期足额支付年度使用费"，不管"是否生产积压"，均视为侵权。专利权人也可以给予期满后一定时间内"继续销售的期限"。

在实际运营中，被许可人以"上年度生产积压"为借口继续销售专利产品的情况确实存在，发生这种情况时，专利权人往往左右为难。经笔者调查，过往很多协商、调解的结果都给予 1～2 月的"处理积压产品"期限。既如此，专利权人也可把"处理积压产品"期限"明示化"，比如在开放许可声明中约定"当许可期限届满或者被许可人下一个年度不再支付专利年度使用费时，可以给予 1 个月处理积压产品的宽展期，宽展期期满后，不管积压产品是否清零，均视为侵权"。这样处理，既可以体现专利权人的诚信，又可以体现专利制度的威严，从而避免很多麻烦。

对于专利权人来说，是否设置许可期限的宽展期，以及设定的时间长短，均由专利权人独立决定，并且在开放许可声明中予以明示。目前，相关的法律法规对此没有具体规定，完全由双方合同约定。

第五节　开放许可中的委托代理问题

2018年修订的《专利代理条例》关于委托代理有如下规定：

第二条　本条例所称专利代理，是指专利代理机构接受委托，以委托人的名义在代理权限范围内办理专利申请、宣告专利权无效等专利事务的行为。

第十三条　专利代理机构可以接受委托，代理专利申请、宣告专利权无效、转让专利申请权或者专利权以及订立专利实施许可合同等专利事务，也可以应当事人要求提供专利事务方面的咨询。

由于开放许可属于专利事务的一种，开放许可中的专利权人及被许可人的最终目的是订立专利实施许可合同。因此，无论是帮助专利权人办理开放许可声明手续，还是协助双方订立专利实施许可合同，专利代理机构和专利代理师的介入是于法有据的，也是专利代理机构和专利代理师职责所在。

国家知识产权局发布的自2021年6月1日启用的《关于公布专利法修改相关表格的通知》中，无论开放许可声明的提出、撤回还是专利实施许可合同备案，专利代理机构和专利代理师均可介入。因此开放许可作为专利实施许可合同的一种，专利代理机构和专利代理师完全可以大有作为。

那么，专利代理师主要做什么工作呢？

有些专利代理师可能认为，依据《专利法》关于开放许可的相关规定，其仅需要协助专利权人把开放许可声明提交给国家知识产权局，后面的事情就是专利权人接受被许可人实施开放许可的书面通知，收取专利许可使用费，这些工作不需要专利代理师介入，专利权人自行处理就够了。

如果是这样，专利代理机构和专利代理师所做的工作也太简单了，也几乎没有什么技术含量，专利权人自己经过简单的学习就能掌握，委托代理就失去存在的基础。正如专利权质押融资一样，如果专利代理机构和专利代理师不深入到业务中去，帮助专利权人寻找银行、与银行洽谈、协助办理质押融资的相关手续及享受相关政策，仅办理专利权质押融资登记事务，就不需要代理机构和代理师了。

对于开放许可业务，专利代理机构和专利代理师必须找准定位，有所作为，才能体现出服务的增值作用。如前所述，开放许可交易成功的条件主要有三个，即"爆款专利"、无法规避和有效保护。那么，专利代理机构和专利代理师就要在这三个条件上利用自身专业优势，协助专利权人去实现这三个条件。如果专利代理机构和专利代理师助力专利权人实现其目的，专利权人自然会认可专利代理机构和专利代理师的价值，创造出不可替代性，那么收取较高服务费自然就不是问题了。

然而，任何一项工作如果不深入耕耘，都是难以出色完成的。作为专利代理机构和专利代理师，在助力专利权人实现"爆款专利"、无法规避和有效保护方面如何才能做得更好呢？

所谓"爆款专利"，就是市场非常需要，有较高投资回报的专利技术。一个技术能够成为专利，需要发明人或设计人将其研发的技术或设计形成交底书，并且委托专利代理机构和专利代理师以交底书为基础撰写出强保护性的高质量专利申请文件。也就是说，专利代理机构和专利代理师在接受交底书前，该技术已基本完成，因此，专利"爆不爆"按理说是发明人的事。但是如果专利代理机构和专利代理师与企业进行深度合作，甚至介入到企业研发中，通过专利文献分析帮助发明人分析潜在市场，确定研发方向，提高研发水平等，这样一来专利代理机构和专利代理师对于企业来说具有不可替代性，请问这样的客户还怕丢失，还怕被别人抢走吗？

所谓无法规避，就是让侵权无路可走。如果一个专利做不到这一点，侵权者随便改改就能绕过去，就没有人愿意支付使用费了。让侵权无路可走，说起来简单，实际上非常复杂，这需要由专利代理师和发明人共同完成，特别是专利代理师的作用至关重要。不管是开放许可还是其他专利实施方式，一个高质量的专利是核心，是所有工作的基础。然而，目前的专利质量确实堪忧，一些专利是奔政策而来的，例如专利可以作为高新技术企业认定、企业技术中心认定、专精特新企业认定的条件，只要专利能够授权即可，保护不保护与这类项目申报没有直接关系。

所谓有效保护，就是指发生专利侵权纠纷时能够主动维权，获得法律的有力保护，让侵权者付出代价。目前，这样的法律体系已经构建完成，只希望专利权人依法维权、积极维权。这对专利代理机构和专利代理师也是很好的机遇。

为什么会出现低质量的申请文件？原因就在于申请人不知或者知而不为，在于专利代理师的不坚持，在于市场的导向和专利环境。专利保护是依据申请文件所记载的内容进行的，不是靠发明人的产品实际做得有多么好，也不是有了专利证书就可以保护一切。这些理念专利申请人未必知晓，即使专利申请人知晓，当周围有更低的服务价格或者网上发现"砸场子"般的低价格时，申请人会觉得"服务应当一样吧"，有为什么不选择价格更低的？于是价格成为影响申请人选择专利代理机构的首要条件。大家看看知识产权的招投标就更清楚了，通常谁的价格低谁中标。如果你定制一双鞋子，本应该1000元一双，你非得让代理师50元做出来，样子还差不多，其最终结果不言而喻。一双鞋子做不好，不会带来多大的损失；一项真正创新，如果专利申请做不好，毁掉的是发明人的信心、发明人的财富、发明人的梦想。我们的发明人对此不可不知！

为了进一步说明低价专利的危害，笔者提出"金白菜"理论，将当前大多数专利申请人和发明人存在的通病及由此带来的后果表达出来，通俗易懂、形象生动。

一项高质量的专利就是一笔财富，好比一颗"金白菜"。

为了获得这颗"金白菜"，就必须像对待"金子"般对待研发，真正以创新为目的，以市场为主导，以创造经济价值和社会价值为目标，使专利有所为、有所用，而不能成为"睡美人"或者"僵尸"。

为了获得这颗"金白菜"，就必须注重专利文件的撰写，尊重专利代理师的工作，舍得在文件撰写方面的投入，对"价值连城的金白菜"不能用"低价竞标的白菜价"购买专利代理师的服务。只有像对待"金子"般在专利文件上下足功夫，所形成的法律文件才能"真金不怕火炼"，才能做到"无法规避"，从而起到很好的保护效果。

为了获得这颗"金白菜"，还必须用保护"金子"一样的态度保护其专利。

因此，"金白菜"="金子般研发"+"金子般文件"+"金子般保护"。上述公式中，任何一个环节出问题，其结果有两种：要么是"名不副实"的"空心白菜"，要么就是一无所用的"烂白菜"。

在开放许可过程中，专利代理师的主要角色可以概括为三个方面：

专利代理师是一名合格的策划师，不仅要了解专利、了解市场、了解专利实施人的需求、了解专利权人的愿望，还要通过综合分析去匹配合适的方案，即开放许可声明的主要内容。

专利代理师是一名合格的操盘手，撰写开放许可声明，监视实施许可合同的生效和履行，办理实施许可合同备案，甚至还肩负专利文件再造、专利维权等责任。

专利代理师是一名合格的经纪人，在专利权人与实施人之间，不断沟通、挖掘双方需求，解决存在的问题。

在开放许可过程中，专利代理师是不可或缺且可以大有作为的。

第六节　开放许可的免费使用问题

新修改的《专利法》第五十条第一款规定，专利权人自愿以书面方式向国务院专利行政部门声明愿意许可任何单位或者个人实施其专利，并明确许可使用费支付方式、标准的，由国务院专利行政部门予以公告，实行开放许可。其中，许可使用费标准是必须明确的，如何明确？无外乎收费及免费两种方式，收费模式在前面已经介绍，免费模式是本节将要探讨的。

一、法律是否允许免费

目前的法律上没有明确禁止免费模式。按照法无禁止即可为的原则，应当允许免费，甚至鼓励免费，这有利于促进技术转化和实施，促进科技进步。

二、专利权人为什么要免费

专利权人在开放许可中的免费使用，主要有以下几种可能。

1. 专利使用权捐献

专利使用权捐献是专利权人主动放弃获得收益的处分行为，且有利于促进专利技术转化和应用，应予以支持。基于专利捐献的免费使用是否可以附条件，例如可以对某个地方、某类群体等是免费的，其余是收费的，从开放许可精神来看，这似乎不符合公平、公正、无歧视的原则，但是《专利法》在开放许可上并没有设置"公平、公正、无歧视的原则"，其次新修改的《专利法》第五十一条第三款规定了"实行开放许可的专利权人可以与被许可人就许可使用费进行协商"，既然可以协商，就有免费的可能。因此，对于开放许可而言，只要满足对任何人和单位开放许可，至于哪些是免费的、哪些是收费以及收费是否有差别等均无关紧要。

基于专利使用权捐献的开放许可能否撤回，应依据新修改的《专利法》第五十条第二款的规定："专利权人撤回开放许可声明的，应当以书面方式提出，并由国务院专利行政部门予以公告。开放许可声明被公告撤回的，不影响在先给予的开放许可的效力。"

如果专利权人愿意对某个地方、某类群体实行免费使用，那么完全没有必要通过开放许可的方式来实现。

2. 基于验证的免费使用

对于很多专利而言，由于专利权人并没有实施或者没有条件实施，因此其仍处在"纸上谈兵"阶段，尽管专利权人在介绍其专利时往往"信誓旦旦"，但技术使用效果是否与理论设计一致？是否可靠？市场前景如何？因为缺乏验证，连专利权人自己内心也不无担忧。

开放许可的到来，可以给这些专利权人带来希望。将自己的专利向国家知识产权局提出开放许可声明，开放许可期限可以设定为 1 ~ 2 年，可以免费使用，当然也可将开放许可期限设定为半年时间或几个月，但时间太短的验证会不充分，且时间太短也有忽悠人的嫌疑。经过开放许可被许可人的"验证"，如果失败，那是被许可人的事情；如果成功，开放许可期限届满后再次申请开放许可声明就可以开始收费，甚至不排除专利权人提前撤回开放许可声明的可能。

这种基于验证的免费使用与专利界经常谈及的"把猪养肥了、养大了再杀"道理差不多，前者是专利权人战略性的合法"免费许可"，后者是有预谋的"姑息纵容"。专利权人这样做，无关乎道德好坏，而是一种谋略，法律上并没有禁止。作为技术使用方的被许可人要注意甄别，防止被"套牢"。

如何判断基于验证的免费使用？首先要看开放许可期限长短，期限越短嫌疑越大；其次要结合专利权人的其他声明内容以及专利技术本身等进行综合判断。

3. 基于战略的免费使用

此种类型，在第三章第五节已经进行了陈述。基于战略的免费使用，不排除其具有"把猪养肥了、养大了再杀"想法，但打造以专利权人为主并控制的共享平台，形成一个基于开放许可专利的"生态圈"也是其主要目的。对于这样的机会，作为被许可人，要积极争取，获得这样的开放许可或许对自己是一次机遇，等于得到进入该平台组织的"一张通行证"，对自己今后的发展非常有益。

判断方法是，如果一个专利权人（通常为平台型组织）免费开放多件相关联的专利，这些相关联的专利领域集中在互联网、物联网、信息技术、新能源等方面，且平台型组织在相关领域居于"头羊"位置，具有这类特征的，大多属于基于战略的免费使用。

4. 遇到一元专利使用费怎么办？

一元专利使用费本身违法吗？笔者认为不违法，但有违市场正常交易习惯和诚实信用原则。

一元专利使用费往往是一种炒作，既不符合开放许可立法精神，也是对创新和专利价值的蔑视，它对外传播的是专利无用论，因此发现这样的开放许可声明，建议审查时不予公告。

第七节　专利权评价报告对开放许可的影响

依据新修改的《专利法》第五十条第一款的规定，就实用新型、外观设计专利提出开放许可声明的，应当提供专利权评价报告。

专利权评价报告的核心内容是对已经授予的专利权给予评价的意见，具体是对于已经授予专利权的全部权利要求是否符合授予专利权条件的评价意见。无论是肯定的意见还是否定的意见，该评价意见均可以作为人民法院或管理专利工作的部门在处理专利案件时的一种证据，但不具有强制性；该评价意见可以作为公众对该实用新型或外观设计专利权稳定性的参考，但不具有推翻专利权的效力。

新修改的《专利法》第四十条规定："实用新型和外观设计专利申请经初步审查没有发现驳回理由的，由国务院专利行政部门作出授予实用新型专利权或者外观设计专利权的决定，发给相应的专利证书，同时予以登记和公告。实用新型专利权和外观设计专利权自公告之日起生效。"相对于发明专利申请，实用新型或外观设计专利申请由于采用初步审查制度，不进行实质性审查，对于已经授予的专利权，其稳定性一般比发明专利弱。鉴于此，在开放许可中，新修改的《专利法》第五十条第一款之所以要求提供实用新型、外观设计专利的专利权评价报告，目的是让公众知悉该实用新型或外观设计专利权的稳定性情况，以便于作出是否接受开放许可的判断。对于实用新型、外观设计专利的专利权评价报告，无论是肯定性意见还是否定性意见，均不影响国务院知识产权行政部门对开放许可声明的公告。

但是，由于认知的不同，专利权评价报告有可能会增加部分公众认知的混乱，主要表现在以下两个方面。

一是实施人对该实用新型或外观设计专利产品比较了解，非常想使用该专利技术或专利设计，然而发现专利权评价报告的评价意见为否定性的，即权利要求不符合《专利法》的授权条件。这种情况往往会使实施人作出投机和冒险行为，不接受开放许可，直接生产专利产品。一旦将来专利权有效，实施人肯定属于"明知而侵权"的行为，可能导致专利侵权的"从重情节"。

对于此种情况，明智的实施人应当先考虑对该专利提出无效宣告请求，通过无效程序去验证专利权的稳定性及专利权评价报告的评价意见准确性。为此，实施人在决策前进行专利分析评议是非常必要的。

二是专利权评价报告的评价意见为肯定性的，即权利要求符合《专利法》的授权条件。这种情况，往往会使实施人接受开放许可，直接生产专利产品。但是，不排除获得开放许可并实施后，专利权被全部无效的可能，一旦发生这种情况，实施人后悔不已。因为新修改的《专利法》第四十七条第二款规定："宣告专利权无效的决定，对在宣告专利权无效前人民法院作出并已执行的专利侵权的判决、调解书，已经履行或者强制执行的专利侵权纠纷处理决定，以及已经履行的专利实施许可合同和专利权转让合同，不具有追溯力。但是因专利权人的恶意给他人造成的损失，应当给予赔偿。"尽管该条第三款规定："依照前款规定不返还专利侵权赔偿金、专利使用费、专利权转让费，明显违反公平原则的，应当全部或者部分返还。"但是对于开放许可是否明显违反公平原则，很难作出判断。

对于此种情况，同样需要进行专利分析评议，为实施人决策提供参考。另外，关于专利使用费的支付方式问题，实施人可以尽力争取分期支付，以减少风险。

以笔者的意见，新修改的《专利法》第五十条第一款关于实用新型、外观设计专利权评价报告的规定，在制度实施初期可能会存在一些问题，但随着普法的深度开展、人们的认知提升后，通过专利分析评议可以有效提高决策的准确性，为实施方尽可能提供涉及开放许可专利的相关信息，以便尽早达成交易。

第八节　开放许可线上完成交易的可行性

技术交易是一项非常复杂的经济活动，不仅涉及技术输出方（许可人）、技术需求方（被许可人）、技术中介服务方（经纪人），还涉及技术本身以及围绕该技术产业化所开展的一系列活动。基于这种复杂性，大家一直认为技术交易买卖双方需要谈，一次不行，就谈两次，两次不行，就慢慢来；为避免直接冲突，还可以寻找中间人进行说合。就这样经过漫长的谈判之路，直到双方达成共识或者不欢而散。有没有一种可能性，将专利许可在线上进行交易，如同在线上超市购买商品一样简单。接下来，就共同探讨开放许可线上完成交易可行性。

一、线上完成交易的法律基础

首先，我们来看涉及开放许可的几个法律条款。

《民法典》第八百六十三条　技术转让合同包括专利权转让、专利申请权转让、技术秘密转让等合同。

技术许可合同包括专利实施许可、技术秘密使用许可等合同。

技术转让合同和技术许可合同应当采用书面形式。

《专利法》第十二条　任何单位或者个人实施他人专利的，应当与专利权人订立实施许可合同，向专利权人支付专利使用费。被许可人无权允许合同规定以外的任何单位或者个人实施该专利。

《专利法》第五十条第一款　专利权人自愿以书面方式向国务院专利行政部门声明愿意许可任何单位或者个人实施其专利，并明确许可使用费支付方式、标准的，由国务院专利行政部门予以公告，实行开放许可。就实用新型、外观设计专利提出开放许可声明的，应当提供专利权评价报告。

《专利法》第五十一条第一款　任何单位或者个人有意愿实施开放许可的专利的，以书面方式通知专利权人，并依照公告的许可使用费支付方式、标准支付许可使用费后，即获得专利实施许可。

从以上法律条款可以看出，开放许可实施合同必须满足书面形式。

《民法典》第四百六十九条　当事人订立合同，可以采用书面形式、口头形式或者其他形式。

书面形式是合同书、信件、电报、电传、传真等可以有形地表现所载内容的形式。

以电子数据交换、电子邮件等方式能够有形地表现所载内容，并可以随时调取查用的数据电文，视为书面形式。

《民法典》第四百六十九条关于数据电文作为书面形式的规定，为开放许可线上运营奠定了法律基础，既然如此，我们就要研究这样一个问题：开放许可交易能否线上完成？有人也许认为不可能，认为开放许可交易是一个很复杂的工作，既涉及贸易规则规律，又涉及法律规定。实践表明，万物皆可互联，技术线上交易一定也能实现。

二、线上完成交易的理论基础

按照互联网极简思维的要求，将开放许可的专利按照标准开放许可模式运作，做到程序极简，可以形成专利实施许可合同标准化，减少或杜绝开放许可交易过程中的沟通，这就是开放许可线上完成交易的理论基础。

1. 业务标准化

业务标准化的目的是将开放许可交易活动进行标准化运作，以适于上线。

如前所述，专利权人的开放许可声明内容中，使用费标准和支付方式可以完全相同，形成一个标准化的产品（或商品）。实施人如果认可该专利及其开放许可条件，直接向专利权人发一个同意实施专利的书面通知并将使用费按标准交给专利权人，就可以完成交易，专利权人及实施人各有所需，可以实现程序极简捷、专利实施许可合同标准化。

对专利权人提出的开放许可声明：专利权人基于个人账户，可以线上向国务院知识产权行政部门提出书面开放许可声明，这无论是技术层面还是法律层面，都不存在任何问题。

对国务院知识产权行政部门的公告：国务院知识产权行政部门可以线上对开放许可声明进行审查，对符合条件的，线上予以公告；不符合条件的，不予公告并说明理由。这在很多行政审批软件里面已得到广泛的应用，也不存在问题。

对实施人的书面通知及费用支付：实施人基于个人账户，可以线上向专利权人发出愿意取得开放许可的书面通知，并按开放许可声明的使用费标准及支付方式线上或者线下支付费用。目前，此种方式在很多场景已广泛应用。

对开放许可实施合同备案：专利权人和实施人任何一方都可以将开放许可

实施合同线上向国务院知识产权行政部门备案，开放许可实施合同不同于过去常规的书面合同由双方签字或盖章，而是由专利权人的要约和实施人的承诺两部分构成。作为开放许可实施合同要约部分的开放许可声明已经为国务院知识产权行政部门公告，此时，再由专利权人将实施人向其发出的希望取得开放许可的书面通知及支付凭证发送给国务院知识产权行政部门，即完成开放许可实施合同线上备案。

2. 专利"爆款化"

有人说："即使程序极简捷、操作极方便，但实施人不感兴趣也是白费。"诚然如此，这又回到前面的章节已经论述过的"实施人为什么要使用你的专利技术"这一问题上来，前面的"开放许可成功5要素"已经作出回答。

互联网思维改变了很多方面，"互联网＋"不断重塑着一个又一个领域、一个又一个业务。按照互联网的用户思维，专利权人应在更高的层次上认识"以用户为中心"的理念。专利权人不仅要考虑实施人（生产企业）的需求，还要站在更高层次上，站在最终用户的需求上，去挖掘用户的"痛点"、构造用户的使用场景、分析用户的潜在心理和真正需求，这是专利权人提供"爆款专利"必须做的工作。

3. 交易线上化

当专利"爆款化"后，可以形成用户购买力，这是交易成功的关键。业务标准化不仅可以规范交易流程，提高交易效率，还适于线上操作。

综上，采用"专利权人线上提交开放许可声明、国家知识产权局网上公告、实施人线上通知专利权人、线上完成支付、线上完成实施许可合同备案"，如同网络商城中的商品交易一样，将开放许可的专利使用权打造成一款标准产品，从而将复杂的技术交易转化为人们熟知的"商品交易"，使技术交易更简单。

第九节　开放许可前专利权已发生情况的处理

2021年6月1日，开放许可制度正式施行，对于一个已经获得专利权的专利，除最近获得授权的外，在开放许可前往往存在诸如对外许可、质押等方面的情况，而这些情况对开放许可有何影响、应如何进行处理，新修改的《专利法》并没有详细规定。

2020 年 11 月 27 日发布的《专利法实施细则修改建议（征求意见稿）》中规定：

新增第七十二条之三 实施开放许可的专利权有下列情形之一的，不予公告开放许可声明：

（一）专利权处于独占或者排他许可有效期限内且许可合同已经备案的；

（二）因专利权的归属发生纠纷或者人民法院裁定对专利权采取保全措施而中止的；

（三）专利权处于年费滞纳期的；

（四）专利权被质押，未经质押权人许可的；

（五）其他不予公告的情形。

国务院专利行政部门发现已经公告的开放许可声明不符合相关规定的，应当及时公告撤回，同时通知专利权人和已备案的被许可人。

除上述五种情况外，笔者经过梳理，认为还可能存在：

专利权处于独占或者排他许可有效期限内且许可合同未备案的；

专利权处于有效期限内的普通许可合同，但限定使用区域或者事实上对普通许可的被许可人数量进行限定的；

专利权处于有效期限内的普通许可合同的；

专利权处于无效宣告程序中的。

针对"（一）专利权处于独占或者排他许可有效期限内且许可合同已经备案的"，《专利法实施细则修改建议（征求意见稿）》中已经明确不予公告开放许可声明。原因是开放许可交易权因在先独占或者排他许可合同的存在而丧失，已经备案的有效的专利实施许可合同能够对抗善意第三者，法律必须予以保护。如果专利权人故意隐而不报，一方面，审查过程中可以通过已有备案系统将此类有效专利实施许可合同检索出来；另一方面，国务院专利行政部门发现已经公告的开放许可声明不符合相关规定的，应当及时公告撤回，同时通知专利权人和已备案的被许可人。由于专利权人在开放许可声明前没有声明存在"已经备案的在先独占或者排他许可合同"，因此在先独占或者排他被许可人利益受损，开放许可的被许可人利益也受损，此时的专利权人应为双方的损失而负责任。

针对"（二）因专利权的归属发生纠纷或者人民法院裁定对专利权采取保全措施而中止的"，此种情况与"（四）专利权被质押，未经质押权人许可的"性质基本相同，都属于专利权因法定而被限制，因而不予公告开放许可。

　　针对"（三）专利权处于年费滞纳期的"，由于专利权人怠于履行法定义务，其专利权处于年费滞纳期的面临专利权终止的风险，为保护广大实施人的利益，对处于年费滞纳期的专利的开放许可声明不予公告完全合理。

　　针对"（五）其他不予公告的情形"，这属于常见的兜底条款。

　　针对"专利权处于独占或者排他许可有效期限内且许可合同未备案的"，与前述"（一）专利权处于独占或者排他许可有效期限内且许可合同已经备案的"的差别在于"许可合同未备案"。《专利法实施细则修改建议（征求意见稿）》对此种情况没有排除公告开放许可声明，原因在于"未备案"的独占或者排他许可实施合同不能对抗依法进行的开放许可。由于专利权人在开放许可声明前没有声明存在"未备案的在先独占或者排他许可合同"，因此在先独占或者排他被许可人利益受损（对开放许可的被许可人没有损害），此时的专利权人应为在先独占或者排他被许可人利益受损而负责任。

　　针对"专利权处于有效期限内的普通许可合同，但限定使用区域或者事实上对普通许可的被许可人数量进行限定的"，虽然是普通许可合同，但由于在某些区域限定普通许可的被许可人数量，例如在某地区只允许一家获得许可的约定，从某个程度上来讲，在该区域具有排他性。因此，笔者认为其具有排他性的普通许可合同：如果已经备案，其开放许可结果与"（一）专利权处于独占或者排他许可有效期限内且许可合同已经备案的"相同；如果未备案，其开放许可结果与"专利权处于独占或者排他许可有效期限内且许可合同未备案的"相同。

　　针对"专利权处于有效期限内的普通许可合同"（在先合同），该在先合同不影响开放许可公告。开放许可实施合同生效后，当设定的实行开放许可条件优于在先合同普通许可时，在先合同可以转化为开放许可；当设定的实行开放许可条件劣于在先合同普通许可时，在先合同作为先例可以单独存在，这种情况对专利权人的影响不大。

　　针对"专利权处于无效宣告程序中的"，在无效宣告决定之前，专利权是存在的，实施开放许可并无不妥，即使无效宣告决定为全部权利要求无效，只要专利权人没有恶意就不必承担责任，其对已经履行的合同不具有追溯力，未履行的可以不再履行。

　　按照国家知识产权局《关于公布专利法修改相关表格的通知》之《专利开放许可声明》注意事项第4条："本表第③栏为许可方应当承诺的内容，作出不实承诺提出开放许可声明的，国家知识产权局查实后将予以公告撤回。情节严重的，将列入专利领域严重失信联合惩戒对象名单。涉嫌犯罪的，移送司法机关处理"，开放许可交易的任何一方都必须以诚实信用原则为根本，在专利权人发起开放许可时应将开放许可声明中的风险情况告知实施人，如同招股说明书一样进行充分阐述，这样既可以避免法律风险，又有利于实施人作出是否接受开放许可的决定。

第十节　开放许可合同的备案

在 2020 年 11 月 27 日发布的《专利法实施细则修改建议（征求意见稿）》中："新增第七十二条之五 双方当事人任何一方可以在开放许可实施合同生效之日起，凭能够证明开放许可实施合同生效的书面文件向国务院专利行政部门备案。"按照该征求意见稿，专利权人和实施人之间的任何一方均可以办理备案手续。但是依照国家知识产权局《关于公布专利法修改相关表格的通知》之《专利实施许可合同备案申请表》，则只能由专利权人（许可人）办理备案，虽无大碍，但二者还是存在冲突的。

那么，实际运营中，我们就要清楚如下两个问题：为什么要备案？如何进行备案？

一、为什么要备案

开放许可实施合同备案同其他技术转让合同、技术服务合同、技术咨询合同一样，经过备案能够产生一定的法律结果以及享受一定的政策激励。

第一，在《专利法实施细则修改建议（征求意见稿）》第十四条规定："除依照专利法第十条规定转让专利权外，专利权因其他事由发生转移的，当事人应当凭有关证明文件或者法律文书向国务院专利行政部门办理专利权转移手续。专利权人与他人订立的专利实施许可合同，应当向国务院专利行政部门备案，未经备案不得对抗善意第三人。以专利权出质的，由出质人和质权人共同向国务院专利行政部门办理出质登记。"

第二，经过备案的开放许可实施合同是一种证明力较强的证据。对于经过备案的开放许可实施合同，国家知识产权局会出具相应的备案证明，该备案证明是一种公文证据，具有较强的证明力。

第三，经过备案的开放许可实施合同是国家行政机关、司法机关处理相关事宜的重要参考依据。经过备案的专利实施许可合同的许可类型、范围、时间、许可使用费的数额、支付方式等，可以作为人民法院、专利行政部门进行调解或确定侵权纠纷赔偿数额时的直接参照。对于未经备案的开放许可实施合同，纠纷另一方很容易在其真实性方面发起质疑。

第四，经过备案的知识产权许可合同的被许可人的某些法律行为容易为人民法院所接受。《最高人民法院关于审查知识产权纠纷行为保全案件适用法律若干问题的规定》（2018 年 11 月 26 日最高人民法院审判委员会第 1755 次会议通过，自 2019 年 1 月 1 日起施行）第 2 条规定："知识产权纠纷的当事人在判决、裁定或者仲裁裁决生效前，依据民事诉讼法第一百条、第一百零一条规定申请行为保全的，人民法院应当受理。知识产权许可合同的被许可人申请诉前责令停止侵害知识产权行为的，独占许可合同的被许可人可以单独向人民法院提出申请；排他许可合同的被许可人在权利人不申请的情况下，可以单独提出申请；普通许可合同的被许可人经权利人明确授权以自己的名义起诉的，可以单独提出申请。"由于人民法院对以普通许可方式实施专利的被许可人的权利是有所限制的，因此经过备案的开放许可实施合同可以减轻人民法院对该类被许可人的权利限制。

第五，经过备案的开放许可实施合同还可以享受政府相关的政策激励或税收优惠。

上面主要讲了开放许可实施合同备案积极作为的一个方面，另一个方面开放许可实施合同消极不作为又会产生什么后果呢？法律并没有规定开放许可实施合同必须备案，开放许可实施合同的双方当事人可以选择作为，也可以选择不作为。当然，不作为的直接后果是未经备案不得对抗善意第三人。

二、如何进行备案

1. 谁能提出备案

依据 2020 年 11 月 27 日发布的《专利法实施细则修改建议（征求意见稿）》新增第七十二条之五提到，开放许可实施合同"双方当事人任何一方"均可提出备案。依照国家知识产权局《关于公布专利法修改相关表格的通知》之《专利实施许可合同备案申请表》，则只能由专利权人（许可人）办理备案。

2. 向哪个部门提出

向国务院专利行政部门备案。

3. 何时提出

鉴于现行《专利法实施细则》第十四条第二款"专利权人与他人订立的专利实施许可合同，应当自合同生效之日起 3 个月内向国务院专利行政部门备案"中"3 个月内"的规定，在 2020 年 11 月 27 日发布的《专利法实施细则修改建议（征求意见稿）》中将"3 个月内"予以删除。

因此可以这样理解，在"开放许可实施合同生效之日起"至"开放许可实施合同有效期内"之间的任何时间均可以提出备案。当然，很多时候都是在开放许可实施合同生效之日起尽快完成备案。

4. 提供什么材料

《专利法实施细则修改建议（征求意见稿）》第七十二条之五提出，凭能够证明开放许可实施合同生效的书面文件向国务院专利行政部门备案。什么是"能够证明开放许可实施合同生效的书面文件"？目前法律和法规也没有给出明确的指向。

依照国家知识产权局《关于公布专利法修改相关表格的通知》之《专利实施许可合同备案申请表》，书面文件包括以下几种。

（1）办理专利实施许可合同备案需提交的文件包括：①专利实施许可合同备案申请表；②专利实施许可合同；③许可方、被许可方的身份证明（个人需提交身份证复印件，企业需提交加盖公章的营业执照复印件、组织机构代码证复印件，事业单位需提交加盖公章的事业单位法人证书复印件、组织机构代码证复印件）；④许可方、被许可方共同委托代理人办理相关手续的委托书；⑤代理人身份证复印件。

（2）申请表一般由许可方签章；许可方或被许可方为外国人的，可由其委托的代理机构签章。

（3）许可方为多人以及许可专利为多项的，当事人可自行制作申请表附页，将完整信息填入。

从上述专利实施许可合同备案需提交的文件来看，其仍然按照传统模式，这会给开放许可增加很多麻烦，更没有考虑未来开放许可线上交易的可能性。

第十一节 开放许可有可能引发的两个法律问题

开放许可解决的是专利转化和实施的问题，当开放许可成功后，即开放许可实施合同成立后，开放许可使用费的透明化会带来两个法律问题。一是实施人的侵权行为性质如何认定及赔偿问题；二是发明人索取报酬的问题。

一、侵权行为的性质认定及赔偿问题

现行《专利法》第七十一条第一款规定："侵犯专利权的赔偿数额按照权利人因被侵权所受到的实际损失或者侵权人因侵权所获得的利益确定；权利人的损失或者侵权人获得的利益难以确定的，参照该专利许可使用费的倍数合理确定。对故意侵犯专利权，情节严重的，可以在按照上述方法确定数额的一倍以上五倍以下确定赔偿数额。"如果开放许可的专利使用费确定得过低，一旦发生侵权，有可能造成赔偿数额低，这无形中会增加专利权人的损失。

关于赔偿额的确定与许可使用费之间的关系，《专利法》及其司法解释也一直有所变化，如表 5-2、表 5-3 所示。

表 5-2　《专利法》相关司法解释关于赔偿额的确定修订情况

《专利法》相关司法解释	时间	主要内容
《最高人民法院关于审理专利纠纷案件适用法律问题的若干规定》	2001 年公布	赔偿额"参照该专利许可使用费的 1 至 3 倍确定"
	2013 年修正	同 2001 年的规定
	2015 年修正	参照该专利许可使用费的倍数合理确定赔偿数额；没有专利许可使用费可以参照或者专利许可使用费明显不合理的，人民法院可以根据专利权的类型、侵权行为的性质和情节等因素，依照《专利法》第六十五条第二款的规定确定赔偿数额（自由裁量）
	2020 年修正（最新有效版本）	同 2015 年的规定
《最高人民法院关于审理侵害知识产权民事案件适用惩罚性赔偿的解释》（法释〔2021〕4 号）	2021 年 3 月 3 日起施行（最新有效版本）	前款所称实际损失数额、违法所得数额、因侵权所获得的利益均难以计算的，人民法院依法参照该权利许可使用费的倍数合理确定，并以此作为惩罚性赔偿数额（1~5 倍）的计算基数

表5-3 《专利法》关于赔偿额的确定修订情况

法律	时间	主要内容
《专利法》	1984年制定	没有关于侵权赔偿的规定
	1992年修正	没有关于侵权赔偿的规定
	2000年修正	第六十条 侵犯专利权的赔偿数额，按照权利人因被侵权所受到的损失或者侵权人因侵权所获得的利益确定；被侵权人的损失或者侵权人获得的利益难以确定的，参照该专利许可使用费的倍数合理确定
	2008年修正	第六十五条 侵犯专利权的赔偿数额按照权利人因被侵权所受到的实际损失确定；实际损失难以确定的，可以按照侵权人因侵权所获得的利益确定。权利人的损失或者侵权人获得的利益难以确定的，参照该专利许可使用费的倍数合理确定。赔偿数额还应当包括权利人为制止侵权行为所支付的合理开支。 权利人的损失、侵权人获得的利益和专利许可使用费均难以确定的，人民法院可以根据专利权的类型、侵权行为的性质和情节等因素，确定给予一万元以上一百万元以下的赔偿
	2020年修正（最新有效版）	第七十一条 侵犯专利权的赔偿数额按照权利人因被侵权所受到的实际损失或者侵权人因侵权所获得的利益确定；权利人的损失或者侵权人获得的利益难以确定的，参照该专利许可使用费的倍数合理确定。对故意侵犯专利权，情节严重的，可以在按照上述方法确定数额的一倍以上五倍以下确定赔偿数额。 权利人的损失、侵权人获得的利益和专利许可使用费均难以确定的，人民法院可以根据专利权的类型、侵权行为的性质和情节等因素，确定给予三万元以上五百万元以下的赔偿。 赔偿数额还应当包括权利人为制止侵权行为所支付的合理开支。 人民法院为确定赔偿数额，在权利人已经尽力举证，而与侵权行为相关的账簿、资料主要由侵权人掌握的情况下，可以责令侵权人提供与侵权行为相关的账簿、资料；侵权人不提供或者提供虚假的账簿、资料的，人民法院可以参考权利人的主张和提供的证据判定赔偿数额

"故意且情节严重"是启动"惩罚性机制"的必备条件，《最高人民法院关于审理侵害知识产权民事案件适用惩罚性赔偿的解释》（法释〔2021〕4号）对此作了清晰的说明：

第三条 对于侵害知识产权的故意的认定，人民法院应当综合考虑被侵害知识产权客体类型、权利状态和相关产品知名度、被告与原告或者利害关系人之间的关系等因素。

对于下列情形，人民法院可以初步认定被告具有侵害知识产权的故意：

（一）被告经原告或者利害关系人通知、警告后，仍继续实施侵权行为的；

（二）被告或其法定代表人、管理人是原告或者利害关系人的法定代表人、管理人、实际控制人的；

（三）被告与原告或者利害关系人之间存在劳动、劳务、合作、许可、经销、代理、代表等关系，且接触过被侵害的知识产权的；

（四）被告与原告或者利害关系人之间有业务往来或者为达成合同等进行过磋商，且接触过被侵害的知识产权的；

（五）被告实施盗版、假冒注册商标行为的；

（六）其他可以认定为故意的情形。

第四条　对于侵害知识产权情节严重的认定，人民法院应当综合考虑侵权手段、次数，侵权行为的持续时间、地域范围、规模、后果，侵权人在诉讼中的行为等因素。

被告有下列情形的，人民法院可以认定为情节严重：

（一）因侵权被行政处罚或者法院裁判承担责任后，再次实施相同或者类似侵权行为；

（二）以侵害知识产权为业；

（三）伪造、毁坏或者隐匿侵权证据；

（四）拒不履行保全裁定；

（五）侵权获利或者权利人受损巨大；

（六）侵权行为可能危害国家安全、公共利益或者人身健康；

（七）其他可以认定为情节严重的情形。

关于开放许可声明的公告能否作为认定实施人"故意且情节严重"的依据，这要看具体情况，不能一概而论。假如侵权人知悉所实施的专利为"开放许可"状态，且双方进行过磋商，在此基础上继续侵权，侵权获利或者权利人受损巨大的，是可以认定的。

对于专利权人，如果开放许可的年度使用费为 M，一个侵权者，知悉其有专利且和其具有某种关系，故意侵权且情节严重，侵权的时间大致为 1 年，作为一种估算，那么其获得的赔偿数额理论上是：

赔偿数额 $= M \times$ 倍数 1 × 倍数 2（倍数 1 的取值范围为 1~3，

倍数 2 的取值范围为 1~5）

即 M 的 1~15 倍。假如 M 为 10 万元，那么，惩罚性赔偿数额最高可达 150 万元（10 万元 ×3×5）。

从这个角度来说，开放许可年度使用费的确定，不能太随意，否则对侵权赔偿造成一定的影响。

二、发明人或设计人索取报酬的问题

《专利法实施细则》（2010 年 1 月 9 日第二次修订）第十三条规定："专利法所称发明人或者设计人，是指对发明创造的实质性特点作出创造性贡献的人。在完成发明创造过程中，只负责组织工作的人、为物质技术条件的利用提供方便的人或者从事其他辅助工作的人，不是发明人或者设计人。"

新修改的《专利法》第十五条规定："被授予专利权的单位应当对职务发明创造的发明人或者设计人给予奖励；发明创造专利实施后，根据其推广应用的范围和取得的经济效益，对发明人或者设计人给予合理的报酬。国家鼓励被授予专利权的单位实行产权激励，采取股权、期权、分红等方式，使发明人或者设计人合理分享创新收益。"

2020 年 11 月 27 日发布的《专利法实施细则修改建议（征求意见稿）》中涉及的条款如下：

第七十六条　被授予专利权的单位可以与发明人、设计人约定或者在其依法制定的规章制度中规定专利法第十五条规定的奖励、报酬的方式和数额。

企业、事业单位给予发明人或者设计人的奖励、报酬，按照国家有关财务、会计制度的规定进行处理。

新增第七十六条之一　除另有约定外，由职务发明创造完成时发明人、设计人所在单位依照专利法第十五条的规定支付奖励和报酬。

第七十七条　被授予专利权的单位未与发明人、设计人约定也未在其依法制定的规章制度中规定专利法第十五条规定的奖励的方式和数额的，应当自专利权公告之日起 3 个月内发给发明人或者设计人奖金。一项发明专利的奖金最低不少于 3000 元；一项实用新型专利或者外观设计专利的奖金最低不少于1000 元。

由于发明人或者设计人的建议被其所属单位采纳而完成的发明创造，被授予专利权的单位应当从优发给奖金。

第七十八条　被授予专利权的单位未与发明人、设计人约定也未在其依法制定的规章制度中规定专利法第十五条规定的报酬的方式和数额的，在专利权有效期限内，实施发明创造专利后，每年应当从实施该项发明或者实用新型专利的营业利润中提取不低于 2% 或者从实施该项外观设计专利的营业利润中提取不低于0.2%，作为报酬给予发明人或者设计人，或者参照上述比例，给予发明人或者设计人一次性报酬；被授予专利权的单位许可其他单位或者个人实施其专利的，应当从收取的使用费中提取不低于10%，作为报酬给予发明人或者设计人。

基于上述规定，如果专利权人开放许可的年度使用费为10万元，共开放许可8家，专利权人就该专利年度总使用费共计80万元，那么发明人依法应获得的报酬每年为8万元（80万元×10%），而且是在专利权有效期内，只要实施，就应当不断给予。

虽然，目前基于发明人奖励和报酬的纠纷案件不多，但似有增长趋势。为此，特别提醒专利权人，特别是专利权为单位的专利权人应注意以下内容，及早作好防范。

1. 约定优先

单位与技术人员的劳动合同条款约定最为重要。合同怎样约定，就怎样执行。

2. 企业依法制定规章制度

企业依法制定的规章制度对企业所有人员有效，但前提必须是依法制定，即内容依法、程序合法，要坚持法制、民主和公正原则。

（1）法制原则。企业在制定劳动规章时，必须严格执行法律法规，其内容和程序都必须符合法律法规的规定。

（2）民主原则。企业劳动规章的内容要从企业全体员工的利益出发，反映全体员工的意愿。企业制定劳动规章要实行公开制度，并且内容中应充分体现出民主监督。如果该企业建立了职工代表大会制度，劳动规章草案应由职工代表大会审议通过；没有建立职工代表大会制度，应征得工会的同意；没有建立工会组织，应征得超过半数的职工群众推举的代表讨论通过。

（3）公正原则。企业制定劳动规章要站在企业发展的全局和劳动关系和谐稳定的高度来设立制度，每一项内容、每一个具体条款，都应宽严得当，恰到好处。

3. 法定条款

如果既无约定也未在其依法制定的规章制度中规定新修改的《专利法》第十五条规定的奖励的方式和数额的，一旦发生纠纷将触发启动《专利法实施细则》第七十七条、第七十八条的规定。

第六章 专利开放许可的运营实践

本章主要从开放许可运营实践的角度，介绍笔者近两年所作的一些探索，虽然这些工作还不是很系统，成效甚微，甚至有很多缺陷，然而作为国内一种新的专利交易运营方式，在国内没有任何案例可参考的情况下，权且作为一种经验分享给读者，以便在今后能够完善、丰富开放许可案例，使更多的专利得到转化实施。

第一节 锚固钉开放许可运营实践

外观设计名称（"主角"）：锚固钉

专利类型：外观设计

专利号：ZL201430557213.5

申请日：2014 年 12 月 29 日

授权公告日：2015 年 7 月 22 日

外观设计专利权评价报告结论（2016 年 7 月 19 日）：全部外观设计未发现存在不符合授予专利权条件的缺陷。

设计人：方玉联（济南天泽集成房屋有限公司法定代表人）

外观设计的图片或照片：如图 6-1 所示。

作为中国开放许可运营的第一个案例，其大致始于 2016 年 6 月，开始主要以专利维权为目的，受 2018 年 12 月《专利法修订草案（送审稿）》公开征求意见的影响，才开始按照《专利法修订草案（送审稿）》中"当然许可"（现为开放许可）的模式进行运作，该案历时达 3 年之久。除以第三方平台代替国务院知识产权行政部门公告平台及专利权人没有享受专利年费减免外，该案例几乎涵盖开放许可的全部要素，积累了开放许可运营的实践经验，这对于 2021 年 6 月 1 日开始施行的开放许可制度而言也是很好的尝试。

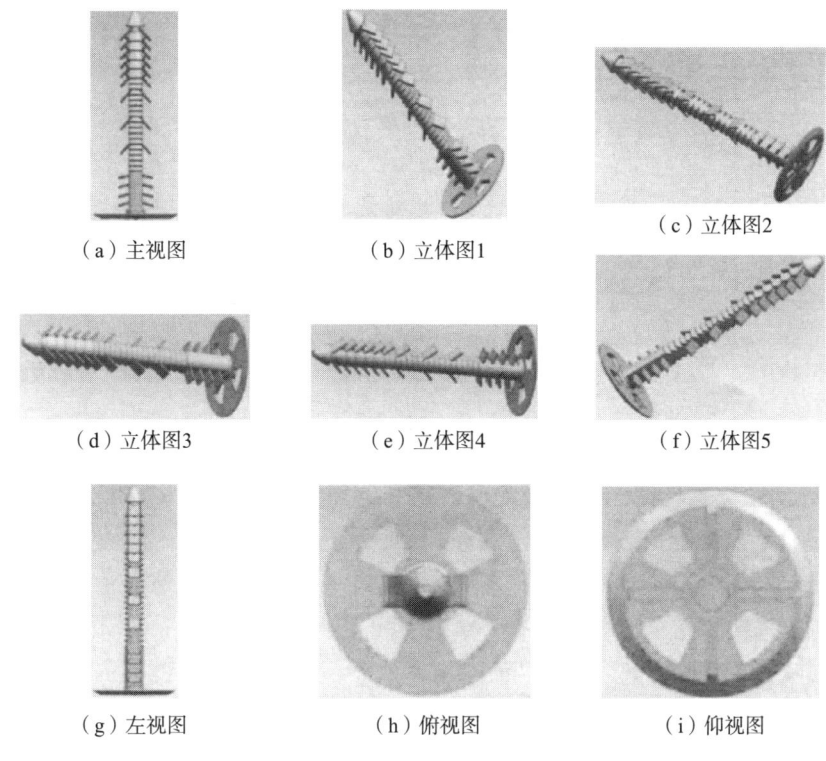

（a）主视图　　　　　　　（b）立体图1　　　　　　　（c）立体图2

（d）立体图3　　　　　　　（e）立体图4　　　　　　　（f）立体图5

（g）左视图　　　　　　　（h）俯视图　　　　　　　（i）仰视图

图 6 - 1　锚固钉外观设计

　　下面笔者从案例背景、维权之路、开放许可标准模型建立、经验与教训等几个方面进行分析，以便大家在今后开放许可的运营中做得更好。

一、案例背景

　　随着中国经济的发展，节能减排不断得到重视，2005 年 11 月 10 日，中华人民共和国建设部发布《民用建筑节能管理规定》（建设部令 143 号），拉开了民用建筑节能技术提升的序幕，各种墙体保温技术和工法不断出现。

　　《FS 外模板现浇混凝土复合保温系统应用技术规程》（DBJ/T14 - 075 - 2011），便是其中之一，该技术规程为山东省住房和城乡建设厅公布的地方工程建设标准，属于建筑节能与结构一体化技术，如图 6 - 2、图 6 - 3 所示。

　　如图 6 - 2 所示，FS 永久性复合保温外模板由外侧黏结加强层、内侧黏结加强层，以及位于两者之间的保温层、加强肋所组成，为工厂预制件。产品具有质量轻、保温效果好、施工方便、防火性能好、无安全隐患、与建筑物同寿命等优良特性。

— 123 —

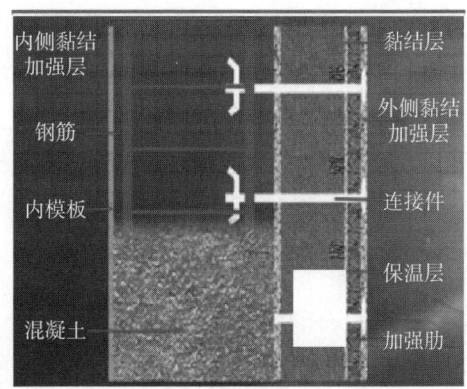

图 6 - 2　FS 外模板现浇混凝土复合保温系统原理图

　　FS 永久性复合保温外模板与内模板之间设有墙体钢筋并浇注混凝土，金属材料的连接件如一螺栓，外端为一圆盘，栓杆上设有螺纹，实际操作时栓杆上有大小两个螺母，外侧的小螺母紧靠 FS 永久性复合保温外模板，通过小螺母与圆盘的配合将连接件固定在 FS 永久性复合保温外模板上，防止其松动；大螺母形状为元宝形，其位于栓杆的内端。混凝土浇筑后元宝形螺母及部分栓杆位于混凝土内，从而将 FS 永久性复合保温外模板与墙体永久结合（见图 6 - 3，此即为建筑节能与结构一体化技术）满足建筑节能 65% 的要求。

图 6 - 3　FS 外模板装配后的效果图

　　在施工时，需要现场钻连接孔，连接件为金属，并安装大小两个螺母。由此带来的技术问题是，连接件金属组件加工成本高，安装复杂效率低，最终体现为工程造价高昂。

为解决上述技术问题，外观设计专利"锚固钉"隆重登场，它可以直接代替金属连接组件，采用尼龙整体注塑，批量成型，易于加工，材料成本低，易于运输，施工简单，可以明显降低工程造价。

如前述外观设计的图片或照片，ZL201430557213.5"锚固钉"外观设计专利产品，由"圆盘＋长柱体"组成，侧面看呈"丁"字形，外端为一圆盘，长柱体上分布三个区域的倒棘片。在施工时，不需要现场钻连接孔（工厂可以预先打好孔），只需要用锤头将"锚固钉"钉入连接孔内即可完成；三个区域的倒棘片可以完全取代现有技术的大小两个螺母，易于生产、易于施工、降低工程造价的效果显而易见。

从创新的角度来看，这样的创新虽然比不上5G的宏大，也比不上北斗导航、量子技术的精尖，但社会需求强烈，笔者认为这样的创新仍然属于"伟大的"，仍然属于"高质量和高价值的"。

基于这种创新的专利已经具有"爆款专利"的潜质。由于"锚固钉"在专利申请之初还不是那么完美，仅仅申请了外观设计专利而没有申请发明或实用新型专利，因此这种布局会给后面维权工作带来不利影响，按照现行法律，外观设计专利的使用行为不构成侵权，在生产销售方不便查证的情况下，对外观设计专利产品的使用方将无可奈何。

二、维权之路

在第四章第三节我们已经知悉在一项技术或产品的婴儿期通常不会发生侵权行为，因为婴儿期的产品不仅自身仍需要完善，还面临过去常规做法所带来的阻力，必然存在很大的风险，侵权者深谙"趋利避害"之道，自然不会在此阶段侵权，但接下来的阶段情况就不同了。

"锚固钉"市场的培育经历了产品完善和宣传推广两个阶段。

产品完善阶段主要是生产加工和产品质量检测。在委托生产加工的企业选择上设计人还是经过思考的，选择了南方的企业来加工生产，虽然成本高，但这种选择可以有意或无意地延迟侵权行为发生的开始时间。因为墙体保温的市场主要在北方，南方的市场很小，这与南北环境温度差异有关。选择浙江的注塑企业加工，一来其具有塑料生产优势，二来加工企业对"锚固钉"的应用缺乏了解，也不会太关注，因而不容易违约侵权。

宣传推广阶段采取专利产品免费试用活动。将专利产品免费送给复合保温板材企业试用，再通过这些企业去影响产权方，果不其然，"引爆"了市场。专利产品供不应求，专利产品的高附加特性非常显著，单件利润非常可观。

然而，好景不长，侵权出现了，专利权人的烦恼也随之而来。其实，专利权人也不必那么烦恼。大草原上哪儿的草肥，羊自然就会到那儿吃草，这是规律；你的专利"爆款"，有人侵权，也很正常。资本也是如此，它具有逐利性，一旦有适当的利润，资本就胆大起来；如果有 10% 的利润，它肯定就会有所行动；如果有 20% 的利润，它就会活跃起来；如果有 50% 的利润，它就会铤而走险；如果有 100% 的利润，它就敢践踏一切人间法律；如果有 300% 的利润，它就敢犯任何罪行，甚至冒绞首的危险。❶

侵权者刚开始还是收敛、客气的，但随着侵权行为的泛滥，侵权者变得猖狂起来，经常挂在嘴边的是"有本事你去告啊!"

由于侵权者不断出现、低价竞争，专利权人的市场不断萎缩，价格不断下降，利润不断降低，到了专利权人不得不拿起"专利武器"的时候了，但"专利武器"效果如何，只能对其充满期待。

起初的维权是按照"群体侵权、以打促谈"方式进行的，即按照群体侵权准备，力争获得政府及司法部门的重视，以诉讼促进实施许可——一案一策。

（一）维权前的专利分析导航

通过专利分析导航来了解锚固钉专利区域分布、主要厂家、主要产品情况，以便对与涉案专利相关的锚固钉产品有整体了解。发现锚固钉专利相对比较集中，真正进行锚固钉技术研发的申请人不多，且该领域创新强度不高，技术更新速度慢。市场竞争集中在规模和成本上。

通过分析锚固钉各国申请趋势图，了解锚固钉在国外技术发展和应用情况，发现国外关于锚固钉方面的专利并不多，主要市场是中国市场。

通过绘制锚固钉专利类型地图，了解整体专利类型布局，即发明专利少，实用新型专利也没有特别优势，而外观设计专利则比较多。相应原因是，锚固钉结构简单，外观造型就可以一目了然，故而外观设计专利是申请人优先考虑的选择。

通过企业查询软件，可以掌握国内锚固钉生产和销售企业整体状况，而且该外观专利相关的企业聚焦在山东省和河北省，在其他地区呈点状分布。

---

❶ 马克思. 资本论：第一卷［EB/OL］.［2021 - 04 - 23］. https：//zhidao.baidu.com/question/101639955.html.

通过分析导航，笔者得出以下结论。

（1）锚固钉在建筑结构件方面的创新强度不大，国内外技术差异很小。

（2）锚固钉方面的创新受设计工法（标准）的影响较大，当出现一个新工法时，相应的技术会有一定的提升。ZL201430557213.5"锚固钉"外观设计专利产品，就是在新工法影响下的技术创新。

（3）ZL201430557213.5"锚固钉"外观设计专利属于对现有技术的改进创新，技术难度不大，但可以很好地解决施工效率和施工成本的问题，具有较大应用市场，属于"爆款专利"。

（4）结合外观设计评价报告，可以得出该外观设计的专利权稳定的结论，加之特定的工艺造就特定的外形设计，该外观设计不容易规避，维权成功率高，属于无法规避的"外观设计"。

（二）维权过程

维权的关键在于锁定证据，而证据的真实性、合法性、关联性又是证据能否被采信的关键，因此，证据保全过程至关重要。

1. 编制"取证指导提纲"

编制"取证指导提纲"，以便于取证人员操作，如表6-1所示。

表6-1　取证指导提纲

渠道	取证指导提纲	目的
线上	请问您是"×××厂（公司）"吗？您怎么称呼？您在公司负责什么？	侵权者是谁
	咱们公司生产（销售）保温墙板用锚固钉吗？带倒刺的那种？现在有货吗？	界定侵权产品
	有几种规格？你们生产了几年了？产量如何？	确定侵权数量
	什么价格？是开发票还是收据呢？价格还能降吗？	销售价格确定
	如何发货？	体现交易真实性
	我们先试用，如果客户认可，我们再大量采购。	防止疑心
	货款打入您公司账户可以吗？我们单位不允许往个人账户汇款。	确定侵权主体
	这个号码是您本人的吗？	证据链
短信	我把具体数量、规格、收货地址用短信发给您，您把物流公司名称、收款人、收款账号发过来，我们通过短信及时沟通。	证据链
	将收据或发票（用信封包好放在袋子里）一并让物流发过来。	关键证据
汇款凭证	银行汇款单附言（必须与短信记录一致）	关键证据
提货	与公证人员一起	关键证据
取样比对	产品数量，比对专利产品照片	关键证据

由于侵权者较多，每天处理的事情往往也会交叉进行，因此必须建立工作日志，以防止工作遗漏。锚固钉保护和运营日志如表6－2所示。

表6－2　锚固钉工作日志

日　期	人　物	内　容	要　点	完　成

2. 取证过程

证据保全是权利人维权需要做的重要工作，当事人对自己的主张所提供的证据对司法裁决或行政处理的结果有直接影响。但是，证据保全往往又是非常困难和慎重的，稍不注意就可能因"打草惊蛇"而无法保全证据，或者因证据存在瑕疵而使自己的主张得不到法律支持。

在证据保全过程中，我们非常重视"证据保全策划"，也就是说无论是网页公证，还是现场购买公证，抑或是第三方证据，一定是在取证前充分做好准备，规划好本次保全的证据是什么，来源于哪里，待证哪些事实，以及从证据真实性、合法性及关联性等方面进行综合考量。这需要专利代理师、当事人及公证人员之间充分沟通，密切配合。

按照上面的"证据保全策划"，我们先后完成20余家涉嫌侵权单位的证据保全，涉及侵权产品34种规格。图6－4是证据保全的照片，图6－5是向行政机关和法院提交的材料，图6－6是涉嫌侵权产品汇总。

图6－4　证据保全的照片

图 6-5　向行政机关和法院提交的材料

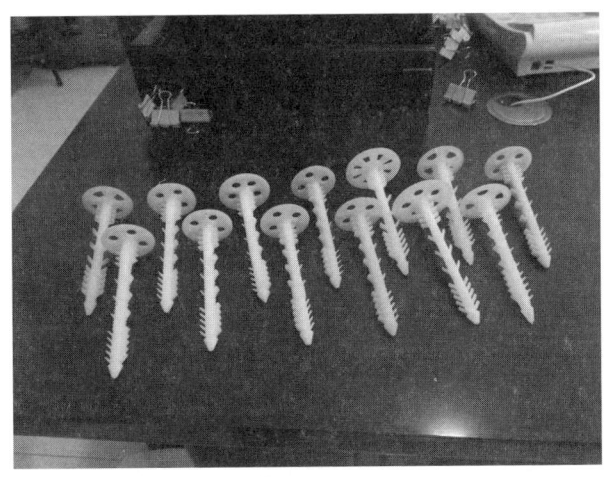

图 6-6　涉嫌侵权产品汇总

3. 召开维权保护研讨会

召开维权保护研讨会,听取专利维权中心专家的指导意见,见图 6-7。

召开研讨会可以更精准地把控维权过程中的工作要点。由于行政处理具有费用低、结案快的特点,最后全部选择行政处理程序。

4. 行政处理的结果

专利权人 100% 获得支持,被控产品全部侵权。至此,维权的第一阶段以全部告捷结束。

图 6-7 维权保护研讨会

三、开放许可标准模式建立

该案起初并没有考虑按照开放许可模式进行。当时的考虑是，面对全国 40 余家侵权单位，通过维权以打促谈，按照普通许可方式每家单位每年最低支付 5 万元专利使用费，全年仅专利使用费收入可达 200 万元，收入非常可观；值得去做，也不得不去做。

直到 2016 年 8 月学习《专利法修改草案（征求意见稿）》中涉及的开放许可制度之后，才认识到"锚固钉"案例完全可以参照"开放许可"的方式进行运作。

"开放许可"要求，专利权人自愿以书面方式向国务院知识产权行政部门声明愿意许可任何单位或者个人实施其专利，并且由国务院知识产权行政部门予以公告，实行开放许可。任何单位或者个人有意愿实施开放许可的专利的，都可以以书面方式通知专利权人，并依照公告的许可使用费支付方式、标准支付许可使用费后，获得专利实施许可。

如果将国务院知识产权行政部门替换为第三方平台，该"开放许可"的模式仍然能够行得通，所以开放许可交易平台 2.0 就开始试运行。

如果说前面的维权方针是"以打促谈"，当开放许可机制实施后"以打促谈"就会发生本质性的变化。两者的比较如表 6-3 所示。

表 6-3 传统许可交易与开放许可标准模式许可交易的比较

分项	维权目的"以打促谈"	开放许可标准模式下的"以打促谈"
维权方式	强势维权，形成威慑	强势维权，形成威慑
法律作用	法律压迫式交易	法律驱赶自愿交易
商谈方式	交易大门开了"一扇窗"，双方"均不先出牌"	交易大门"全开启"，交易内容"全透明"
成交过程	讨价还价	"标准化"不还价
成交效率	效率低	效率高
成交价格	单笔成交价高	单笔成交价低、一视同仁
成交情况	成交比较曲折	容易成交

从表 6-3 可以发现，开放许可标准模式下的专利许可交易与传统的许可交易有很大的不同，无论是专利权人还是实施人都应当秉持开放的态度，否则仍然沿用传统思维，坚持零和博弈，到头来没有赢家。

例如，在"开放许可声明内容"中关于"跨区域销售"的问题。在初期的许可交易实践中，实施人提出某个区域独家使用。为了促成交易，合同约定通常有诸如"辖区的实施方发现他人或者其他侵犯专利权的产品擅自进入本地市场负有举报和举证责任，并将有关证据材料提供给专利权人授权的机构，由该机构帮助清理，清理的费用双方各占 50%，清理获利各占 50%，也可采取其他方式清理市场及承担费用"等规定，看似在为实施方考虑，打消实施方的顾虑，后来证明完全是多余的。因为专利权人无法管控跨区域销售，专利权人也没有精力去清理市场。既然做不到，那就不如不管，全部普通许可，不接受某个区域独家使用的方式。有了这样的规定就不必考虑销售区域，专利权人可以减少很多麻烦。

再如，在"开放许可声明内容"中关于"专利使用费标准"的问题，在初期的许可交易实践中约定"每个地级市或直辖市只许可一家，每个地级市年度使用费人民币 5 万~8 万元，每个直辖市年度使用费人民币 10 万~20 万元"，其实这是因为专利权人不想放弃议价权，甚至有些实施人也提议"大小企业因为产能不同，使用费也应当不同，企业小，就应当少缴费"。"专利使用费标准"不一样带来了许多问题，比如产能怎样去界定？企业大小又如何区分？大企业一定干得多吗？小企业一定干得少吗？这些问题同样无法鉴别，因为太难取证了。与其在专利使用费标准上纠缠不清，不如一刀切，统一专利使用费标准，大家都能接受、薄利多销。有能力多干，没能力少干，不挣钱别干。

基于同样的理由，支付方式同样可以标准化；基于同样的理由，交易文件也可以标准化。

如此一来，可以彻底解放专利权人和实施人，让交易更简单。

这就是开放许可标准模式诞生的直接原因，这一模式与新修改的《专利法》颁布后的"开放许可"要求相一致。

在开放许可标准模式中，专利权人只需要做三件事：维持专利权有效、统一使用费标准和支付方式、打击侵权行为。其余的事情全部交给市场，任何单位和个人均可使用，实施人是否生产、生产多少自行决定，是否跨区域销售，一个实施人是否对另一个实施人的产品造成冲击，等等，全部由市场决定。如果新修改的《专利法》环境下专利年费减免，专利权人连维持专利权的年费也就不用操心了。有了开放许可标准模式，可以解放专利权人，使其有精力去干更重要的事情，去做更多创新；可以释放市场活力，让实施人根据自身情况决定生产，促进技术应用；可以实现开放许可的目的，让专利交易变得更简单。

四、以打促谈 等待战略机遇

在维权过程中，遇到的问题和困难远超想象。

1. 外观设计专利侵权的特点

锚固钉外观设计专利侵权的特点：①生产企业多、信息模糊；②多为保温模板厂采购，连同板材一并直接销售给施工单位使用；③生产厂家多为个体工商户，法律意识淡漠，经营不规范，销售不提供票据；④有些单位知道专利存在，生产销售十分警觉，有一定的反侵权能力；比如营业执照企业名称与所开收据盖章故意不一致；⑤侵权者区域相对集中、彼此曾有来往，大有"法不责众、团伙侵权"的态势；⑥侵权者多居于城乡接合部，侵权地点难以寻找。

这些特点决定了，保全证据是一项非常复杂又非常困难的事情。我们采取的措施是预先圈定侵权名单、网上购买全程公证。

2. 选择维权方式

根据《专利法》第六十五条的规定，解决侵权纠纷主要有三个途径：①由当事人协商解决。②不愿协商或者协商不成的，专利权人或者利害关系人可以向人民法院起诉。③不愿协商或者协商不成的，专利权人或者利害关系人可以请求管理专利工作的部门处理，认定侵权行为成立的，可以责令侵权人立即停止侵权行为，当事人不服的，可以自收到处理通知之日起 15 日内依照《行政诉讼法》向人民法院起诉。进行处理的管理专利工作的部门应当事人的请求，可以就侵犯专利权的赔偿数额进行调解；调解不成的，当事人可以依照《民事诉讼法》向人民法院起诉。

虽然起诉效果较好，但由于涉及诉讼费且案件数量较多，因此请求管理专利工作的部门处理便是主要途径，其可以节省一笔费用，这是当事人优先考虑的。

"锚固钉"的20家侵权单位34个侵权产品全部获得侵权认定，其中一个调解成功，并于当年获得7万元的许可使用费。

照此道理，下一年度应当再获得7万元的使用费。然而，第二年实施人说不再使用，自然不用支付年度使用费。事实上第二年度该实施人仍在使用，只是更为隐蔽，取证变得更加困难。笔者认为，在没有惩罚性赔偿之前，很多专利权人就是这样，手里拿着证书只能望着侵权人，而毫无办法！

然后是行政处理，管理专利工作的部门应当事人的请求，可以就侵犯专利权的赔偿数额进行调解，由于这种调解没有约束力，实际作用有限，专利权人不得已只能另外单独起诉，这样起诉几乎与前面没有通过行政处理程序直接起诉一样，法院对行政处理的决定并不直接采信。专利权人此时几乎回到原点，一切又重新再来，时间损失有时比资金损失更重要。

诉讼是顺利的，胜诉也毫无疑问，问题在于赔偿的多少。在没有惩罚性赔偿之前外观设计专利的赔偿额一两万元很常见，三四万元不多见，诉讼的结果大多是：专利权人"心碎了"，律师"脸白了"，法官说"尽力了"，侵权者认为"冤了"，创新者的信心受到"伤害了"，如此知识产权的"五了图"是一段时期知识产权侵权赔偿"填平原则"的真实写照。

虽然"锚固钉"专利权人胜诉了，判决也执行了，专利权人应当为公平正义得到伸张而扬眉吐气。然而，对于专利权人来说始终高兴不起来，面对侵权者法庭内外的言行，维权者好似乞讨者，甚至还不如乞讨者，因为乞讨者知道自己是个弱者。而专利权人自恃"专利证书"本应是"强者"，然而经过长时间的维权，赔偿有时连维权成本都不够，还要忍受侵权者的"嘲笑"，真是专利权人的"悲哀"。

3. 期待新修改的《专利法》的施行

新修改的《专利法》对于广大专利权人来说是个"福音"。新修改的《专利法》可以解决专利权人特别关注的取证难和赔偿数额低的两大问题，特别是惩罚性赔偿，让专利权人充满期待。

《专利法》第七十一条规定：

侵犯专利权的赔偿数额按照权利人因被侵权所受到的实际损失或者侵权人因侵权所获得的利益确定；权利人的损失或者侵权人获得的利益难以确定的，参照该专利许可使用费的倍数合理确定。对故意侵犯专利权，情节严重的，可以在按照上述方法确定数额的一倍以上五倍以下确定赔偿数额。

权利人的损失、侵权人获得的利益和专利许可使用费均难以确定的，人民法院可以根据专利权的类型、侵权行为的性质和情节等因素，确定给予三万元以上五百万元以下的赔偿。

赔偿数额还应当包括权利人为制止侵权行为所支付的合理开支。

人民法院为确定赔偿数额，在权利人已经尽力举证，而与侵权行为相关的账簿、资料主要由侵权人掌握的情况下，可以责令侵权人提供与侵权行为相关的账簿、资料；侵权人不提供或者提供虚假的账簿、资料的，人民法院可以参考权利人的主张和提供的证据判定赔偿数额。

但愿新修改的《专利法》的施行能够让侵权者付出代价，让创新者扬眉吐气。

五、经验与教训分享

从"锚固钉"外观设计专利的维权及开放许可运营案例实践，笔者可以分享以下几点经验与教训。

（1）对于发明创造而言，发明人或者设计人一定要打造"真实的爆款"，而不是"自己认为的爆款"，所谓"爆款"，就是能够带来利润的产品或设计，没有"爆款"，就没有市场，发明创造就会无人问津。

（2）对于发明创造的专利申请人而言，如果认为自己的"发明创造"是有价值的，有巨大的市场，就要寻找有经验的专利代理机构及专利代理师，价格只是其中一方面，让专业的人做专业的事，尽可能地将发明构思全面保护起来，没有高质量的专利文件，一切都是空中楼阁。

如果你为了追求价格便宜，将自己的"宝贝"交给一个没有资质的"黑代理"，就什么也别指望了，按照当前最热门的政治话语说"你没有资格对专利评头论足"，因为你那一套根本不是专利的真正玩法，一旦你走偏路、拜错神，就不要埋怨专利不行，那是你的认知不行。

（3）开放许可是"利国利己利他"的好模式，开放许可的专利权人有时也需要奉献，只有懂得"舍"才能"得"更多；看似"薄利"，实则"多销"，越简单、越轻松，效果就越好。

（4）如果你的专利没有人感兴趣或者没有交易，你一定要反思哪个地方出了问题，通常是因为不符合"爆款专利"的要求，假如符合"爆款专利"的要求，那一定是"专利文件"的问题，一个保护不严密、容易规避的专利文件是没有人愿意"买单"的。

（5）打造样板。对于群体性侵权，精心处理一个案件形成"样板"，后续发生的类似事情处理起来都会有参考依据，例如专利许可使用费标准、侵权赔偿标准等。"样板"要准、要狠，这样才能产生威慑作用。

（6）中国经济发展形成新格局后，技术（专利）交易模式也应发生变化，社会公众的认知也要改变，传统交易一定会被新的交易方式所取代，而且新的交易方式一定是高效简单的。

第二节　共享专利的运营实践

前面已经讲过，开放许可是对于已经授权的专利，专利权人自愿且主动地向国家知识产权行政部门提出开放许可声明，经国家知识产权行政部门审查后予以公告，任何单位和个人愿意实施的，向专利权人发出书面通知，并按照声明的使用费标准和支付方式完成支付，即可获得该专利的开放许可。

由此可以看出，开放许可的发起人是专利权人，通常是一人，也可能是多人共有的情况；对于普通许可而言，实施人通常是多人，一个实施人的情况可能性不大。为便于表述，我们将多个实施人分别用企业1、企业2、企业3……企业 n 来表示。

当专利权人主动发起开放许可，实施人响应逐个承诺，形成由"一个专利权人要约、多个实施人承诺"的"一对多专利实施"模式，此乃开放许可模式。

作为开放许可的逆向思维，可以形成基于开放许可的特殊形式，即共享专利模式，也可称为"拼专利"模式。开放许可模式与共享专利模式的比较如图6-8所示。

共享专利是由企业1作为实施专利的发起者，其发现并希望实施某一专利，然而由于各种原因未能获得或者基于拼专利思维，于是该企业1作为第一个发起者可以自己也可通过第三方平台表达愿意发起共享该专利的愿望，通常

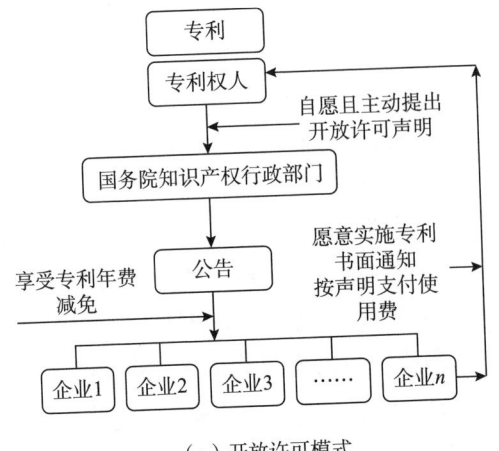

（a）开放许可模式

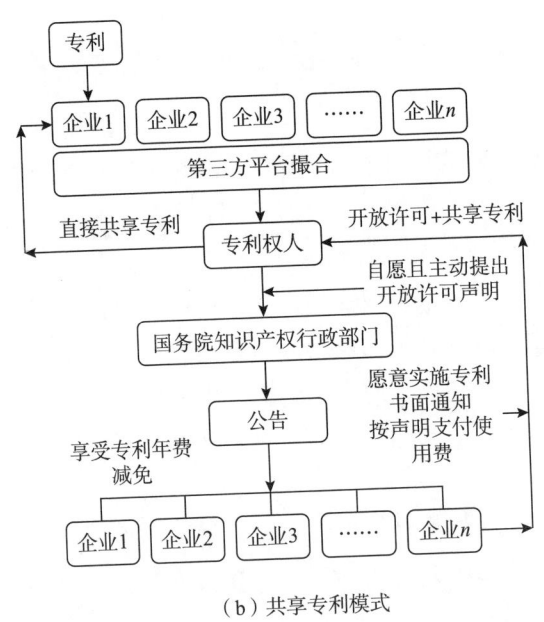

（b）共享专利模式

图6-8 开放许可模式与共享专利模式的比较

由第三方平台协助企业1编制共享专利规则，形成专利联盟，由专利联盟或者第三方平台与专利权人进行沟通，询问专利权人是否愿意共享专利（"拼专利"）。

如专利权人同意，第三方平台或者企业1去寻找具有共同愿望的企业2、企业3……企业n。到底寻找多少家呢？这就需要在制定共享专利规则时予以考虑。专利联盟或者第三方平台应考虑该专利产品的市场规模、参与企业产能、技术寿命周期、技术成熟度等方面。可以作为参考的是，通常成立的同业联盟模式、某一细分领域专利池构建模式等同业联盟的专利管理模式与此处的共享专利有类似之处。

由于每个企业均有自己的战略考量，同业之间虽然可以合作共赢，但毕竟是竞争对手，"拼专利"的企业通常由几个关系比较好的企业组成，例如3~5家，不可能太多。除此之外，最好由第三方平台出面或者主导"拼专利"，不仅便于规则制定，也便于与专利权人沟通。

如果专利权人不愿意开放许可，"拼专利"完全可以线下完成。约定参加拼团的人数或企业数，然后与专利权人协商实施许可。沟通时可以约定，在有效许可期间，仅有参加拼团的人员或单位有权实施，专利权人不得再对外进行许可，此乃封闭式共享专利；也可以约定，在有效许可期间，除参加拼团的人员或单位有权实施外，专利权人还可以再对外实施许可，此乃开放式共享专利。当拼团整体下个年度不支付许可使用费或某个成员不支付使用费时或者拼团期限终止时，则拼团结束，这些都可以通过协议约定。

对于开放式共享专利，只要专利权人愿意开放许可，就没有任何障碍。但封闭式共享专利不可以进行开放许可，因为封闭式共享专利不允许增加新的专利实施人，即不符合新修改的《专利法》关于开放许可对任何人、任何单位开放的法律要求。

当拼专利与开放许可一并进行时，包括拼专利的这部分实施群体在内，将会有更多的实施人参与实施，这对技术推广是有利的，只是参与拼专利的实施人价格会比其他实施人更低一些，对此新修改的《专利法》第五十一条是允许的。

共享专利，在共享阶段由多个实施人联合在一起找专利权人商讨获得专利许可，与开放许可的"一对多"相反，形成"多对一"的共享专利模式。

有人说"同行是冤家"，是"对手"，共享专利是不可能实现的。笔者认为，一个畅销的专利产品，除了专利权人生产销售，还有"一帮侵权者"，"一帮侵权者"之间是什么关系？是同行，是对手，但又是"伙伴"，只是没有规则，各自为战而已。为何能形成这种局面？原因就在于专利权人的专利产品为"爆款"，市场潜力巨大，专利权人自身难以满足市场需求（存在大量市场空穴），既如此其他侵权者"闻见肉香"自然要分一杯羹，但没有采取"合法授权许可"（支付使用费）而是"未经许可的侵权"。专利权人"倾家荡产"地起诉，尽管最后赢了官司，却失去了市场机遇（空穴破灭），最后专利权人抱着一专利证书"流浪街头"。

自然界有其生存规律，专利创新也不例外。任何一项"爆款专利"都是有寿命周期的，现在供不应求，3 年后就有可能无人问津（因为新技术的出现），而且技术更新的速度越来越快，如果不迅速占领一个新技术市场，就有可能很快失去。专利权人与其整天打打杀杀，不如以"富裕的市场换取利润"，通过有序的"市场空穴释放"（无形资产运营）换取投资回报，那"一帮侵权者"对于看得见的利益当然乐于接受（填充空穴），专利权人和实施人实现共赢。若干年后，当下一代技术出现时，这帮人还可以这样"玩"下去，实现迭代发展。如此形成的循环，笔者称为"空穴经济循环"。这是一种新的认知，一种合作共赢的认知。

共享专利模式的引入可以丰富开放许可的内涵，使原来没有意愿采用开放许可的专利权人因为一批需要共享专利的实施人的推动，产生开放许可的意愿，让创新成果去创造更大的社会价值，去满足社会更多的需求，也使得专利权人的盈利模式发生变化，从原来专利权人自己生产，通过共享专利，还可以对外进行技术贸易；一旦不愿意自己生产时，就可以很容易地转化为专业技术研发机构，以出售技术为主，或者将生产环节转移出去，一端抓研发设计，另一端做品牌及营销，完成企业轻资产运作和经营模式的转变，这是企业发展的目标和方向。我国著名企业家施振荣先生在 1992 年提出的著名的"微笑曲线"（Smiling Curve）理论，与上述企业轻资产运作和经营模式的转变完全一致。微笑曲线理论如图 6 - 9 所示。

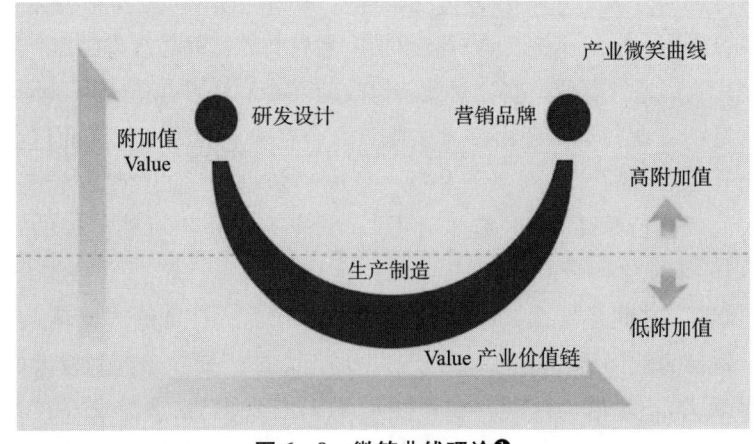

图 6 - 9　微笑曲线理论❶

---

❶　来源网易网 www. 163. com。

尽管现在有些观点认为"微笑曲线是美丽的谎言"，并以"富士康""台积电"等代工厂的成功来试图证明其论断的"正确性"，但笔者却不以为然，笔者认为"微笑曲线"代表一种方向和规律，而"生产链""供应链"在微笑曲线中虽是不可或缺的组成部分，但其作为第二产业（制造业）的属性没有改变，这就决定其位于微笑曲线的附加值较低的底部。尽管"富士康""台积电"是成功的，但不代表整个制造业都具有"富士康""台积电"的优势。同样是头部企业，制造业的"富士康"组装一台苹果手机的利润与苹果销售一台手机的利润没有可比性。

据报道，一台售价为12799元的苹果iPhone XS Max，加工厂富士康厂家可以获得多少利润？当然这个问题苹果和富士康都不会披露，这属于真正的商业机密，但还是可以通过一些权威机构的消息进行分析的。在iPhone 7发布时，据IHS透露，苹果iPhone 7手机的BOM材料成本以及加工费只有219.8美元（1200多元人民币），而代工费为5美元（不到70元人民币）。而更早前还有分析指出像iPhone SE的代工费则是3.8美元，iPhone 6S是4.5美元。算一下，就能知道富士康大致有多少利润，苹果公司大致有多少利润，仍没有脱离"微笑曲线"的规律。

笔者认为，其实"富士康""台积电"并不是纯生产企业，其生产之所以有很强的竞争力，一定有其独到之处，也许"富士康""台积电"开创了一种"捆绑式微笑曲线"，即以追求捆绑高科技头部企业优势的生产制造企业，利用生产制造优势捆绑"微笑曲线"的高附加值企业，我不做研发和销售，但你的"生产"非我莫属，形成"你吃肉，我必须喝汤""你不让我喝汤，你也吃不上好肉"的捆绑格局，其实这是头部企业的产业链强强联合。

在共享专利模式中，第三方平台的作用至关重要。

它是"红娘"，既要将共享专利的各实施人（专利联盟）整合在一起，又要实现实施人与专利权人的握手，促成他们达成共识。

它既是"策划者"又是"执行者"，如何策划编制"拼专利"规则是其工作的重心，编制"拼专利"规则不仅考虑共享专利的许可使用费高低，还要考虑开放许可的使用费高低，以及专利权人的期望值，是一项既涉及与人打交道又与技术、市场打交道的"专业性"工作，非一般经验"技术经纪人"所能为。

它还是"专利管家"，既要托管好专利权人的专利，帮助专利权人办理开放许可，又要托管好"专利联盟"的运行机制。

随着开放许可的实际运营，笔者认为，这种共享专利（"拼专利"）模式一定会出现。

第三节　共享研发运营实践

上一节我们论述了基于开放许可的共享专利模式，它可以解决专利需求侧对某一专利的实施愿望，可以解决专利供给侧"等靠要"的被动实施情况，是需求侧推动供给侧的方式之一，涉及的客体为授权专利。

一、研发项目的内在逻辑

在实际中，需求侧希望共享或者拼团的客体可以是多样的，例如可以拼设备、拼人才，当然也可以拼研发项目，那么拼研发项目的内在逻辑是怎样的呢？

大家知道，我国有众多中小微企业，这些中小企业普遍规模小、缺资本、缺人才、缺资源、抗风险能力低，因此研发能力实际上一直不足，致使产品缺乏竞争力，只能靠改进创新、微创新或者"Copy + 1"来维系生存；由于技术含量低，它需要不断地改进，不断地投入设备和厂房等重资产，甚至因为"Copy"还会引火烧身产生法律纠纷，在知识产权越来越得到重视的今天，侵权的风险自然会加大。

对于这些企业来说，其实这是一种无奈之举。它们不是不想改变，只是因为没有足够的能力；它们不是不想研发，只是承受不起巨大的研发投资风险；它们不是不知道侵权的后果，只是它们需要生存。

笔者曾经接触过一个小微科技型企业，主要从事医疗器械牙科手机的研发生产和销售，为了解决牙科手机一次性使用问题，先后投入 200 余万元进行研发，并取得医疗器械生产许可证，折腾了两年，最后因资金链断裂无法持续经营而牺牲在独立研发的道路上。

大中型企业也会面临同样的问题，只是它们抗风险能力强一些。退一步来说，即使企业研发能力再强、资金再雄厚，也还存在投入产出率的问题。按照公式 $R = IN/K$ 可估算一下投入产出率，以便于深度了解企业在研发方式的选择上所带来的不同效果。其中，R 是投入产出率，K 是投入资金总额，IN 是项目周期内每一年的产出所获得的产出总收入。

1. 独立研发，自己生产及销售

一个企业投入研发经费 1000 万元，开发一款市场价值 100 亿元的产品，自己独家销售 5 年，获得总收益 20 亿元的营业收入，其余的 80 亿元市场还未来得及深挖就出现替代产品。以此为假设，计算此周期的投入产出比，$R = IN/K = 200000/1000 = 200$。此种方式下，该公司 5 年的研发经费投入产出率为 200 倍。

2. 共享研发，共同生产及销售

由于市场较大，任何一家企业都无法满足市场需求，如果一家企业生产 5 年，也仅能满足 100 亿元市场中 20 亿元的需求，假如 5 年中有 5 家企业同时生产，每家市场 20 亿元，刚好把 100 亿元的市场全覆盖，且大家无须恶性竞争。

基于这种逻辑，企业可以改变研发方式，找到 4 个志同道合的同行，每家 200 万元，共同出资 1000 万元，委托某大学进行开发，如果开发不成功，该大学要承担违约责任。后来研发成功，参与共享研发的企业 5 年内，每家均达到 20 亿元的营业收入。通过共享研发，抱团取暖，5 年内大家收入颇丰，通过制定共同的规则大家又基本没有竞争，使以后合作得更为紧密。以此为假设，计算此周期的投入产出比，$R = IN/K = 200000/200 = 1000$。此种方式下，该公司 5 年的研发经费投入产出率为 1000 倍。

从以上两种方式可以看出，在各自市场不受影响的假设下，采取共享研发方式降低风险和研发成本，投入产出率竟然是原来 5 倍，这就是"创新抱团取暖效应"，就是"1 + 1 > 2"。

那么，共享研发的商业逻辑又是什么？

所谓共享研发，就是基于相同的产品或者产品的部件或者上下游产品，由发起人发起由多家企业组成的共享研发（"拼研发"）松散型组织，该组织设立自己的组织活动规则和研发产品性能指标，共同筹资、共同委托某一科研机构，签订委托研发协议，明确成果归属，成果完成后按照组织设立时制定的活动规则实施。

与开放许可的共享专利模式相比，一个是授权专利，一个是研发活动。共享研发是从共享专利中发展而来的，共享研发在研发阶段通常不涉及开放许可，但共享研发的成果申请专利后，有可能涉及开放许可，这要看共享研发规则的约定及委托研发协议的约定。除此之外，共享研发与共享专利具有基本相同的逻辑。

二、共享研发的类型

共享研发又可以分为两类：一类是基于相同产品的共享研发即"拼相

同", 如图 6 – 10 所示; 另一类是基于上下游生态互补产品的共享研发即 "拼互补", 如图 6 – 11 所示。

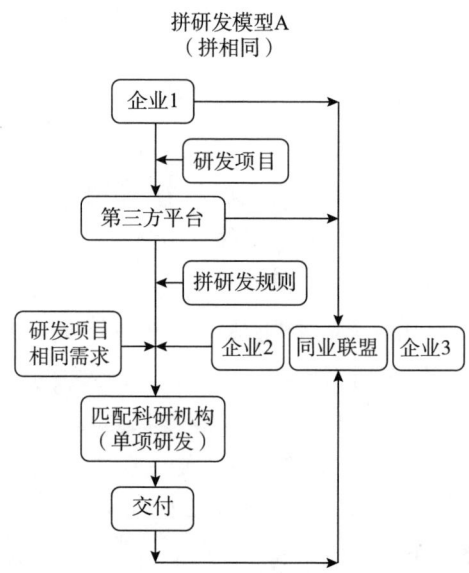

图 6 – 10 共享研发即 "拼相同"

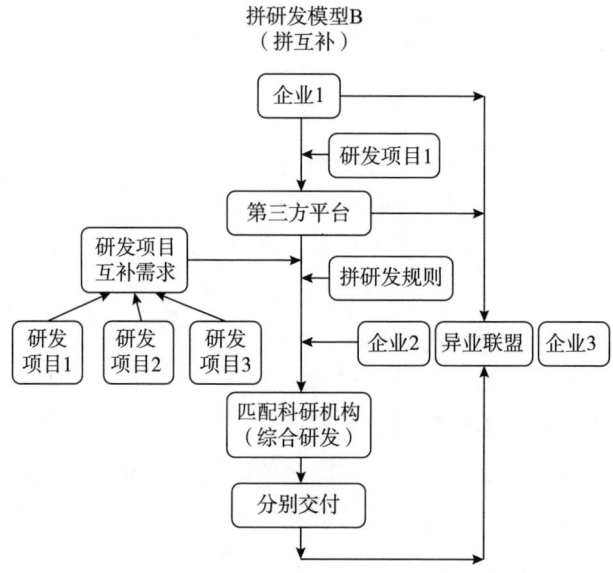

图 6 – 11 共享研发即 "拼互补"

1. 拼研发模型 A 的运营模式："拼相同"

1）企业 1 的研发需求

企业 1 首先要有研发需求，并在第三方平台上表达共享研发的愿望，它的这种愿望可能发自其内心真正的需求，也可能是由第三方平台引导产生的共享研发需求。

2）制定拼研发规则

第三方平台介入，与企业 1 充分沟通，制定拼研发规则或者产业联盟公约，例如允许几家企业参与，研发什么，具体性能和结构参数，研发大致总预算，如何分担研发经费，是一次性支付还是分批次支付，市场如何划分，产品如何差异化，知识产权归属问题，法律保护问题等。这些没有第三方平台的介入是很难实现的。

3）寻找发现具有同样愿望的企业

当规则制定好后，企业 1 可以利用自己的人脉圈子，寻找具有同样愿望的企业；第三方平台也可以将企业 1 的共享研发愿望在平台上公示，利用平台的影响力去寻找具有同样愿望的企业；当然，在平台上公示的内容需要注意商业秘密的甄别，例如研发经费总额及分担额等，因为这些商业秘密由包括企业 1 在内全体参与"拼研发"的企业所享有，至于以后是否还能够成为商业秘密，那要看后续各企业的保密意愿和保密措施。

4）沟通

在企业 2 出现后，企业 1 或第三方平台应尽快与企业 2 进行磋商，使企业 2 尽快加入，同样再使企业 3 加入。当然，最好是把企业 2、企业 3 召集在一起进行磋商，这样效率更高。磋商的过程也是对"拼研发"规则达成共识的过程。当企业 1、企业 2、企业 3 达成共识后，后续加入的企业对"拼研发"规则基本上没有修改权，只能服从或者经企业 1、企业 2、企业 3 同意后附条件加入。当然，所附的条件不能对"拼研发"的其他参与者造成不利影响。

5）加入企业的数量

理论上加入的企业可以无限多，且越多越好，但实际上 2~5 家最佳。

6）匹配科研机构

匹配科研机构不是一次完成的，而是在整个沟通过程中，第三方平台或产业联盟与科研机构应保持密切沟通，甚至同步运作。

最后，按照"拼研发"规则的内容与匹配的科研机构签订多方委托研发协议，第三方平台作为协调沟通的主要联络人与科研机构沟通具体事宜。

7）交付

最后按照委托研发协议交付成果。

2. "拼研发"模型 B 的运营模式："拼互补"

"拼互补"模型 B 的运营模式与"拼相同"模型 A 的运营模式基本相同，且都属于拼团式定制化研发，主要区别有以下几点。

1）研发客体的类型不同

"拼相同"模型 A 的共享研发客体是基于相同的需求，表现在产品上为使用相同专利技术或专利设计，但未来产品的外在表现具有差异化。

"拼互补"模型 B 的共享研发客体是基于某一产品的各系统部件，或者某一产品的上下游产品实现，是基于生态链或产业链的专利技术互补，因此"拼互补"模型 B 要比"拼相同"模型 A 复杂得多。

2）研发主体（需求企业）所追求的目的也不同

"拼相同"模型 A 的研发主体的主要追求在于在保证性能指标的前提下，提供共享研发，以降低研发成本和分担研发风险。

"拼互补"模型 B 的研发主体不仅追求能够降低其自身产品的部分研发成本和研发风险，还要求从系统角度获得"强强联合＋内在协同"的竞争力。

3）对研发机构的要求不同

"拼相同"模型 A 对研发机构的要求主要是专业，能够打造出某一领域的尖兵产品（技术）。

"拼互补"模型 B 对研发机构的要求主要是综合能力强，能够统筹某一技术系统的各部件，或者某一技术上下游产品之间的整体研发工作。

由于"拼互补"模型 B 的复杂性，如果任何一个研发机构都无法单独承接的话，就需要研发机构横向联合，就像导弹发射一样，有负责导弹设计的、有负责制造的、有负责发射的、有负责气象和测控的等。

第四节　高质量专利运营实践

本节从高质量专利与高价值专利的内涵入手，绕开无谓的理论争执，从专利运营的角度，以专利"价值变现"为目的，以如何提升企业竞争力促进企业做大做专做强为责任，探索中小企业高质量发展的路径。

一、何谓高质量专利

在讲高质量专利运营实践之前，先要搞清楚什么是高质量专利。

谈起专利，我们自然知晓专利的内涵包括技术、经济和法律三个方面，高质量专利和高价值专利自然也离不开这三个维度。然而，当我们去寻找高质量专利和高价值专利的定义时，却发现直到今天还没有一个权威的答案，人们更多通过高质量专利和高价值专利的外部特征去定性评价和限定高质量专利和高价值专利两个概念的边界。

2018年3月27日，《中国知识产权报》刊发王景林先生的文章"高质量撰写打造高质量专利"，从专利说明书撰写的角度对高质量专利和高价值专利的定性评价指标作了归纳总结：

（1）列出高质量专利与高价值专利具有的共同定性评价指标：①从发明的性质来说，原创性的发明比改进的发明质量更高、价值更大。②从专利审查历程来说，授权之前经历的创造性审查过程越复杂的专利，越有质量保障，也越有价值。③历经无效宣告程序后得以维持，可以验证专利的质量，反映其市场价值。④历经过专利权转移，专利可以经受受让方的尽职调查、质疑、挑战的考验。⑤历经专利侵权诉讼且胜诉，专利可以经受司法实践的考验，也彰显了较大的市场价值。⑥具有多国同族专利，通过多国的专利审查，专利权的稳定性更高。

（2）除了上述共性的评定指标，高质量专利单独还具有以下特征：①说明书引证现有技术的数量适当，涉及现有技术越多的专利越有价值，在授权之前被审查的幅度越宽，专利的稳定性就越好；②避免说明书歧义性，如果争议术语有两种或多种合理的不同解释、说明书对技术特征的解释存在相互矛盾，或者争议术语在说明书中有完全相反的解释，那么专利权人可能无法自圆其说；等等。

（3）除了上述共性的评定指标，"高价值专利"的定性评价指标还包括：①可获得直接利润，通过市场优势或许可费收入就已经回报丰厚；②与企业经营直接相关，如标准必要专利、具有涉嫌侵权者、是专利组合的一部分、基础性专利、核心专利、特定产品的关联专利、有明确竞争对手的专利、为企业未来发展而布局的专利；等等。

如此之多的信息，对提升文件撰写质量的理论分析很到位。

2020年6月，南京市知识产权局制定出台《南京市高质量专利认定办法

（试行）》（以下简称《办法》）。《办法》明确从创新创造水平、法律稳定状况和实施运用状况三个维度十个方面，对专利质量进行综合评价，评定结果将作为该市知识产权战略专项资金用于专利资助的重要依据。这是从政策激励方面识别高质量专利并进行精准激励。其看似与开放许可无关，但从创新创造水平、法律稳定状况和实施运用状况三个维度来看，基本符合"爆款专利"、无法规避、从严保护三个要件。也就是说，能够成功运营开放许可的专利基本上都属于高质量专利，受到激励也在情理之中。

2019年6月25日，《经济研究导刊》中一篇由白英晨撰写的文章"专利价值评价指标体系研究"将高价值专利区分为基于企业视角的高价值专利和基于学术视角的高价值专利。笔者认为这样的区分很有新意，能够解决很多理论上的冲突。比如，关于专利价值评估，学术界总是试图搞明白这项专利技术到底值不值钱、值多少，如何保证交易中物有所值和等价交换，为此建立专利价值定量评估模型，组建由专利律师、专利交易专家、财务专家、技术专家四类人才组成的人才队伍，以核实专利的有效性、调查专利的经营史、搜集专利的授权史、组建价值评估小组、阅读专利文本原文、调查权利要求书与市场的相关性、与原专利代理师对话、调查专利的生命力、调查专利的市场地位、考虑专利拥有量、调查国外同族专利的实施情况、考虑专利的剩余寿命、分析未来专利的直接利润、调查专利是否经历过专利侵权诉讼、调查下一代可替代性技术、绘制专利产品的需求曲线、确定专利产品具有最大利润点的价格、进行专利的市场优势评估、进行专利的市场收益评估等。

可是在进行交易的时候，理论上的专利价值估值和实际交易中心理可接受的价值差异甚大，没有几笔专利交易是真正按照评估值执行的，除非评估值已被预先设定，否则评估只是走走形式而已。

我们再来看看企业界对高质量和高价值专利的理解。

在2018年中国国际专利技术与产品交易会上，深圳华为技术有限公司副总裁宋柳平提出，"知识产权的一个重要功能是为创新者带来丰厚的经济效益"。企业可以通过三种方式发挥知识产权的经济价值：一是当企业获得某些技术专利授权时，其他企业就无法进入该领域，这一垄断性的经营权会赋予创新者一定的产品议价权，从而使其获取收益；二是企业有了专利就有了开拓国内、国际两个市场的法宝，通过抢占市场份额、销售更多产品也能为企业带来可观的利润；三是高昂的知识产权许可费、转让费对于企业来说也是一笔不菲的收入，高通、IBM、爱立信等国际巨头每年仅靠知识产权许可，就能得到几亿美元。中国交通建设股份有限公司（以下简称"中交集团"）副总裁孙子宇对此深有感触。他以冻土技术为例作说明，中交集团不但研发了系列阻热导冷特殊路基结构，而且建立了高速公路冻土路基融沉防控技术体系，该项目共获得专利 92 项。得益于这些专利的落地，中交集团突破了高海拔多年冻土地区的高速公路建设禁区，在多年冻土地区新建公路 1100 公里，升级改造公路3500 公里，产生的经济效益约 41.78 亿元。在通常情况下，企业界对所拥有的专利估值多少并不关注，而是关注这些专利可以为企业创造多少效益。

2021 年 4 月 2 日，《中国知识产权报》记者吴珂的"面向'十四五'聚焦高质量"一文披露，国家知识产权局领导在接受媒体专访时，首次官方定义高价值发明专利，以下 5 种情况的有效发明专利纳入高价值发明专利拥有量统计范围：①战略性新兴产业的发明专利；②在海外有同族专利权的发明专利；③维持年限超过 10 年的发明专利；④实现较高质押融资金额的发明专利；⑤获得国家科学技术奖或中国专利奖的发明专利。这几个标签，将模糊不清、高高在上的"高价值"专利画像出来作为标杆，非常有必要。

但是，对于高价值专利，企业层面的认知会有很大不同。企业以盈利和发展为目标，将专利贴上几个"高价值专利"标签但不一定能做到的"货真价实"？只有经过"烈火"才能见"真金"，例如，能够解决中国芯片需求的专利，没有人会说是"低价值"的；能够经得起多次无效诉讼的专利，也没有人会"轻视"；能够成为世界"基建狂魔"的核心技术更让人"信服"。但这些专利未必能贴上"高价值专利"的 5 个标签之一，甚至一个标签也没有。

从开放许可运营角度来看，我们不必过分关注涉及的专利是否为高质量专利和高价值专利，还是一切从实际出发，凡满足"爆款专利"、无法规避、从严保护三个要件的专利均属于高质量专利之列。

二、中小企业高质量专利运营

山东丽芳洁环保材料有限公司（以下简称"山东丽芳洁"），是一家集研发、生产、销售为一体的拥有自主知识产权的地板净化膜生产企业。自 2006年成立至今，山东丽芳洁先后与香港大学、山东大学、武汉大学展开深度合作，历时近十年潜心研究与科技攻关，成功研发了地板净化膜系列产品，致力于为客户提供环保安全的解决方案，开创了地板净化膜行业高端品质之路，先后获得了中国绿色环保家居大奖、山东省企业创新奖等多项奖项，获得全国产品和服务质量诚信标杆企业等荣誉称号。

作为多年的合作者，也是陪伴山东丽芳洁一步步发展的见证者感慨颇多。仅凭上述只言片语，读者认为山东丽芳洁环保材料有限公司会是什么样子？一种印象是行业领先的技术、细分市场的冠军企业？另一种印象是众多中小微企业中的一个。可能企业界大多是第一种想法，而学术界可能是第二种居多，因为它们考虑的角度不同、站位不同。无论哪种感觉，都是自由意见的独立表达，无可厚非。

然在企言企，大家可曾知道，十年前山东丽芳洁还是在地板商城开店摆摊卖地板的商户！而像这样的商户中国有多少？几乎没有人能说清楚。

笔者认识山东丽芳洁的董事长徐建明已十多年，徐总从事地板行业多年，自然对行业非常了解，而笔者致力于科技创新和知识产权行业，也算一名老兵，山东丽芳洁的经营模式升级源于我们的一次喝茶，在茶饮过程中，徐总问笔者："地板这个行业竞争太激烈了，经营得太累了，您经常搞创新，看看我们公司下一步该怎么办。"

面对这样的"三无"企业（无资金优势、无研发人员、无创新基础），笔者既是服务者又是徐总的"战友"，一切都从零开始。

1. 策划阶段

在初期策划阶段，我们也考虑企业是转型还是升级的问题，后来转型被否定了，因为不清楚往哪个方向转、转型之后又会是怎样，公司无法承受转型带来的风险。既然转型不行，那就考虑升级，升级的好处是：一是风险小；二是对行业情况比较熟悉；三是行业资源得到充分利用；四是升级相对投入较小，公司可以承受。

但是，升级同样存在问题，突破口在哪里？地板、地板膜、地脚线、门、五金件等，行业已经传统到"骨髓"，技术已经成熟到"任何改进"似乎都是多余的。似乎无计可施，然而问题摆在那里，又不得不作出选择。

于是我们对现有产品逐个分析画像，从投入、风险、可行性、功能等维度逐个分析，目的是寻找可以作为"突破口"的产品，经分析，最后把地板膜产品作为升级的突破口，方向确定在环保健康功能上。原因在于其成本低、投入少、见效快，大企业不关注，小企业没能力，但用量大，消费者对环保健康又比较关注。

为了验证策划研发立项的准确性，市场调研是不可缺少的：由徐总负责市场调研，包括客户需求、现有竞品情况等，以他在行业多年的经验，将客户真实需求挖掘出来是没有问题的。笔者则从另外一个角度利用专利分析导航去印证我们所选择升级的突破口是否正确；该突破口一旦打开，未来的行业地位会是怎样，实现的路径有哪些。结果是，不管是来自于市场的调研结果还是来自于专利文献的分析导航报告，都表明我们选择"环保健康功能地板膜"产品作为升级的突破口是正确的。

2. 立项阶段

接下来我们要回答"'环保健康功能地板膜'如何实现、其技术路线怎样"的问题。

其实，任何创新都不是空中楼阁，它离不开使用场景，通过对使用场景的系统分析，去挖掘"用户的痛点"，这些"痛点"就是发明创造过程中的"技术问题"，这些"痛点"就是未来市场的需求，而且"用户对痛点的关注度越大"未来的需求就越强烈，越有利于成为"爆款"。

对于地板膜产品而言，这些"痛点"对于用户来说也算不上严重，多年来都是如此。也就是说，创新需求侧的需求乏力，在此情况下，作为创新供给侧能够给用户提供什么就成为撬动内需的重要力量。从创新的角度来看，任何产品或者任何技术都能够创新，当这种产品或者技术实际存在问题时，解决这些问题的办法就是创新；当这种产品或者技术实际存在问题难以被发现时，可以将用户对美好生活的需求与当前现状之间的差距作为"需要解决的技术问题"。该案就是创新供给侧提供的基于创新需求侧对美好生活的需求而进行的创新活动。

从使用场景上来说，早期地板膜为 PVC 等发泡材料，主要作用为防潮、防水、静音等，通常在铺设木地板时，除地板膜外，还使用杀虫粉，且杀虫粉在地板膜下面，并尽可能均匀散开。对于消费者而言，使用杀虫粉，无论从感官上还是心理上都是抗拒的。经分析，该杀虫功能不是多余的，又不能去除，既如此，如何让消费者"眼不见，心不烦"，成为我们解决问题的主要技术路线之一。带杀虫功能的地板膜便成为最好的解决方案，在此基础上扩展消费者关注的消除甲醛、除异味等功能，就足以实现"环保健康功能地板膜"的产品定位。

当技术路线确定后，我们再次启动专利分析导航，以确定技术路线的正确性。通过专利分析导航确定该技术路线是否存在他人的专利障碍，行业内是否有类似关联技术开发，有哪些技术可以参考借鉴，这样的技术路线在后期申请专利时的可专利性怎样，这些技术路线在未来的技术优势或产品竞争力如何……专利分析导航的结果如我们所愿，目前市场基本是空白。

3. 研发阶段

在此阶段，由于涉及技术专业性较强，即使对于在行业内摸爬滚打多年的徐总来说也是一个新的挑战。而对于笔者而言，虽然在企业工作过十多年，但也不完全了解，更何况此时扮演的是一个专利代理师和咨询师的角色，应当知晓"有所为"及"有所不为"。基于此，我们决定采取委托开发的方式，按照产学研的方式与大学合作研发，强调知识产权属于山东丽芳洁。

在研发期间，笔者负责把控技术方案的可专利性、专利申报时机选择、研发过程是否保留研发记录和保密机制、研发成果的效果、研发合同重要条款的约定等方面，其余都是研发单位和公司的事情。

之所以关注技术方案的可专利性，是因为没有可专利性的研发成果，未来就无法取得专利权，企业的创新成果就无法得以体现，也无法获得法律保护的技术垄断优势，就无法打造出核心竞争力。

之所以关注专利申报时机，是因为申请专利的"先申请制"，过早申请专利，技术不成熟；过晚申请专利，又担心"夜长梦多"，让别人抢了先机。

之所以关注研发过程是否保留研发记录和保密机制，是因为研发记录记载了所要解决的技术问题、面对这些问题所采取的技术方案以及获得的技术效果，这些对形成专利文件及提升发明创造的新颖性、创造性和实用性有很大帮助；同时这些研发记录可以在未来可能产生的纠纷中作为企业在先研发及研发程度的证据，还可以作为企业拥有技术秘密的证据材料，但关键在于这些研发记录是否建立了有效的保密机制。事实上，很多企业一开始都没有做，或者做得不到位，因为它们根本不知道怎样做、为什么这样做。作为科技咨询师和专利代理师，准确地告知它们这些问题，企业还是很关注的。

之所以关注研发成果的效果，目的在于掌握研发成效，验证整个技术方向是否有偏差，是否需要调整。另外，这些技术效果也是构成可专利性的必要材料。

之所以关注研发合同重要条款的约定，目的在于帮助企业把控项目进行过程中的各个节点与实际目标之间是否存在差异，以及涉及知识产权方面的重要条款，避免企业蒙受损失，主要是企业风险控制方面的事情。

4. 阶段性成果

企业与研发机构的合作也很愉快，阶段性成果不断出现：可以解决功能性辅料配比问题，并符合"环保健康功能地板膜"定位要求；可以解决地板膜发泡过程中功能性辅料添加问题，这种添加对发泡过程没有不良影响，对功能性辅料的性能也没有严重影响；可以解决生产工艺稳定性的问题；经权威机构检验，产品有确切的效果，基本达到研发目标；专利在积极申报；产品即将定型；等等。

5. 营销

营销阶段主要解决这些问题："环保健康功能地板膜"是一种什么样的产品；哪些消费者会使用；该产品可以给这些消费者带来什么样的价值；该产品与其他产品有何不同；等等。

面对这些问题，对于从事知识产权相关的服务人员来说：如果你把自己定义为专利代理师，那只要把专利文件撰写好，在创新过程中配合好，在审查阶段力争一个有利的审查结果就基本可以满足要求；如果你把自己定义为科技咨询师，那只要做好技术咨询、技术服务也就够了；如果你把自己定义为商业管理师，你就不得不知晓商业模式……

这时，你要有自我认知。你的能力够吗？你的时间够吗？你的投入回报合理吗？对于大型企业来说，只有靠专业才能深入进去，因为它们拥有各种人才；对于中小企业而言，往往是你越专业，它们越糊涂，因为它们理解不了，而你的知识面越广，它们对你的依赖度就越大。

6. 再次植入商业模式

为什么这里称为再次植入商业模式？是因为在上面各阶段特别是策划阶段已经或多或少地植入商业模式的一些内容。

为了便于理解，笔者从百度百科援引关于商业模式概念的不同解读，以使读者对商业模式有更深的理解。

商业模式理解之一：是管理学的重要研究对象之一，MBA、EMBA 等主流商业管理课程均对"商业模式"给予不同程度的关注。在分析商业模式过程中，主要关注企业在市场中与用户、供应商、其他合作伙伴的关系，尤其是彼此间的物流、信息流和资金流。

商业模式理解之二：企业与企业之间、企业的部门之间乃至与顾客之间、与渠道之间都存在各种各样的交易关系和联结方式。

商业模式理解之三：是一个企业满足消费者需求的系统，这个系统组织管理企业的各种资源（又称输入变量，包括资金、原材料、人力资源、作业方式、销售方式、信息、品牌和知识产权、企业所处的环境、创新力），形成消费者必须购买的产品和服务（输出变量），因而具有自己能复制且别人不能复制或者自己在复制中占据市场优势地位的特性。

商业模式理解之四：就是公司通过什么途径或方式来赚钱。简言之，饮料公司通过卖饮料来赚钱；快递公司通过送快递来赚钱；网络公司通过点击率来赚钱；通信公司通过收话费赚钱；超市通过平台和仓储来赚钱等。只要有赚钱的地方，就有商业模式存在。

就该案来讲，虽然我们没有系统植入商业模式，但有关商业模式的主要内容还是缺少不了的。另外，专利代理师也不是"全能"，能多知道一点儿，多贡献一点儿，就这一点儿，能为企业带来的价值就与他人有所不同。

7. 知识产权综合应用

知识产权综合应用，这是知识产权工作者分内的事情，特别是从事知识产权咨询的人员更应当灵活运用，但是如何用好、如何一次做对，实非易事。

当山东丽芳洁的产品试制成功后，下一步要进入市场，我们主要做了以下工作。

1）确定品名即产品名称

确定产品名称与确定发明名称有很大不同。基于专利的发明名称应当简短、准确地表明发明专利申请要求保护的主题和类型，其作用在于让公众快速、清楚地理解该专利的相关技术信息。在该公司申请的专利中，有关发明名称有"一种家居净化膜"发明专利、"环保地板净化膜"实用新型、"一种地板地毯用阻燃防虫抑菌垫及其制备方法"发明专利，虽然在名称上还没有尽善尽美，但对于获权、保护范围及未来市场运作等方面（客户所需）已经有所考虑。

品名是商品的名称，是一种商品区别于另外一种商品的称呼或概念，它在一定程度上体现商品的自然属性、用途及主要的性能特征，其作用是有助于消费者对商品进行识别。品名的确定要求精炼，易于传播和识别。就地板膜产品而言，市场初期并没有规范术语，可以地板垫、地板膜、发泡垫等命名，虽然比较混乱，但大家都知道是什么东西。

对创新升级后的产品特别是专利产品，投放市场时如果仍然延续使用多年的商品名称，对市场开拓是非常不利的，必须创设新的品名。韩志辉先生在2017年出版的《价值再造》一书中提出了品牌"双定位理论"，即任何一个成功的品牌，在消费者心智中成功占据两个位置，回答了消费者的两个问题：第一，你是什么——此为属类定位（品类定位）；第二，我什么要买你——此为价值定位。"双定位"理论有效地连接了供给侧和需求侧，互为呼应，形成钳形合力，让品牌定位更加精准。两点确定一条直线，两根筷子才能夹起一个鸡蛋。

参照韩志辉先生所提出的品牌"双定位理论"，笔者认为，品名的确定也应服从于"双定位理论"，故此将品名确定为"地板净化膜""家居净化膜"，其中"家居膜""地板膜"为品类定位，"净化"为满足消费者健康需求的价值定位。

2）专利战略

无论是专利战略还是商标战略，虽然基本理论非常多，但在实际运营中都很少被利用。

针对山东丽芳洁的实际情况，我们实际选择的是专利进攻型战略，或者采用"专利领先型战略"更为妥当。所谓专利进攻战略，就是指积极、主动、及时地申请专利并取得专利权，以使企业在激烈的市场竞争中取得主动权，为企业争得更大经济利益的战略。专利进攻战略主要包括以下几种：①基本专利战略；②外围专利战略；③专利转让战略；④专利收买战略；⑤专利与产品结合战略；⑥专利与商标结合战略；⑦资本、技术和产品输出的专利权运用战略；⑧专利回输战略。

山东丽芳洁的专利战略中，①～⑦均有涉及，这在一个案例中出现实属不易。

关于①和②，采取"专利领先型战略"的专利必须具有核心技术，积极抢占该领域核心专利或者说基础专利，然而由于特定领域、特定市场、特定企业的现实情况等，不可能也不需要将基础专利做到完美无缺。事实上"家居净化膜"发明专利在该领域也算得上一篇"基础专利"，因为它包含"家居"这一上位概念，具有"专利布局"的基本理念。"地板净化膜"属于外围专利战略中的举措。由于地板膜是山东丽芳洁的主要产品之一，是未来的主战场，因此"地板净化膜"也必须进行专利布局，尽管布局的专利只有1件，但是我们必须清楚这种专利布局的逻辑。

关于③⑤和⑥，这三条均源于与圣象集团的战略合作中，主要是圣象集团欲获得"地板净化膜"的专利权，使用圣象集团的商标以及与圣象集团的合作等方面，将在后面的战略合作中再予以介绍。

关于④，这又涉及一次产品升级，随着地热地板的发展，与地热地板相匹配的地板净化膜也应进行了升级，由于涉及传热均匀和传热速度的问题，应用了新材料石墨烯，关于石墨烯纳米复合材料，山东丽芳洁没有一点儿科研基础，因此采用专利收购战略，"一种高导热石墨烯纳米复合材料及其制备方法"发明专利就是从深圳大学收购而来的。

关于⑦，也是山东丽芳洁后期发展中才出现的。2015 年，山东丽芳洁的董事长徐建明参与成立"济南环美塑业有限公司"，又于 2017 年参与成立"德州成美塑业有限公司"，这两家公司均生产基于前述专利的专利产品，虽然发生在中国境内，但其合作方式仍属于资本、技术和产品输出的专利权运用范畴。

可见，专利战略的运用并不复杂，无论大小企业，都可以涉及，关键是想不想用。

3）品牌战略

品牌战略也是知识产权的重要内容之一。

"地板净化膜""家居净化膜"在进入市场时，使用什么样的品牌，是使用自有品牌"丽芳洁"并培育它，还是使用行业内的知名大品牌"借船出海"？两者各有利弊，关键是企业看重什么。如果一定要培养自己的"孩子"，当然使用前者，但有所得必有所失，关键要权衡哪一项对企业更重要。其实，做实体企业也好，做服务也罢，生活中都离不开选择。选择对了，结果就好一些，离自己的目标就近一些；选择错了，结果可能相反。

经过权衡，山东丽芳洁最终决定采用"借船出海"战略。理由是：大品牌具有感召力，市场接受度高；更值得信赖，一项技术创新诞生在一家不知名的小企业中，没有人能够相信；具有更高的溢价能力，这种溢价能力，可以保证使用者有利可图，有钱可赚；更安全，只要大品牌愿意带你一起玩，你的抗风险能力就会提升，发展的机会就更多。

过去大企业基本上都采用"买一送一"模式，即"买地板送地板膜"，反正许多年都是这么做的。现在有一款"地板净化膜"具有技术优势，属于传统产品地板膜的创新升级产品，功能更多，也更环保，消费者可以选择免费的传统产品（送的产品），也可选择每平方米 20 元的更健康的新型"地板净化膜"，那么消费者会作出怎样的选择呢？

其实，对于产品的经营者而言，只要找准消费者的"痛点"并解决"痛点"，可以说就成功了一半。对于有能力买得起每平方米几百元的地板客户来说，为了健康问题，每平方米再增加 20 元根本算不上什么。"好马配好鞍""一辈子装修不了几次，还是买个健康"，基于这些理念，销售不是问题。过去地板膜赠送，如果一个月赠送达百万平方米，现在每月就可以新增利润近百万元，怎能不令人心动！

山东丽芳洁选择了地板产业巨头圣象集团，这在过去是不可能的，好比"一只蚂蚁"无论如何也实现不了与"大象"的握手，这就是创新的奇迹。正如当初预料的那样，市场竟然打开了。

4）产品差异化设计

当核心技术得到解决后，其他问题就相对简单了。

符合"双定位理论"且富有吸引力的商品名称"地板净化膜""家居净化膜"也得到确认。品牌得以落实，接下来产品的外观要不要改变，自然要改，如果不改，再好的技术也很难从众多同质化的产品中脱颖而出，因此，就要进行差异化设计，包括净化膜和包装物。由于传统地板膜产品基本为纯白色，为体现科技含量并有别于现有市售产品，"地板净化膜""家居净化膜"采用浅蓝色，并设计有相应的图案，现代感十足；圣象集团的标志清晰且富有吸引力。

5）与"大象"深度合作

接下来，与圣象集团的合作是愉快而富有成效的。销售的产品使用山东丽芳洁的专利技术，品牌使用圣象集团的知名品牌"圣象"，即前述"⑥专利与商标结合战略"也是很成功的。

一段时间后，圣象集团提出将专利免费收购，即以"专利换市场"方案。徐总毫不犹豫，顺利办理了专利转让，即"③专利转让战略"。笔者有幸作为徐总的知识产权顾问了解了全部过程。在谈判中，我们强调专利权可以转让，但我方应免费取得专利权期限内的反向许可使用权，即山东丽芳洁可以继续使用该专利技术，这很重要，一旦失去该权利，山东丽芳洁的生产和销售将受到制约。当然，结果是令人满意的。

谈判中，在圣象集团提出收购专利后，对于山东丽芳洁应指导其旗下子公司能够生产出同样品质的"地板净化膜"问题，我们又采用"⑤专利与产品结合战略"，即可以答应提供技术指导，但要生产出合格的产品来，就必须使用山东丽芳洁的母料，圣象集团也欣然接受。所有这些之所以这么顺利，源于双方平等、坦诚和真心合作，这些与企业大小无关，圣象集团不愧为一个成功的企业。

6）产品扩展与版权战略

随着"地板净化膜"的成功，我们又考虑了山东丽芳洁下一步的发展。

首先是扩展"地板净化膜"的应用场景，儿童爬爬垫与"地板净化膜"比较接近，因为属于儿童用品，家长对环保健康需求更高，所以有巨大的市场需求。

基于此，山东丽芳洁又调整配方，生产出环保型儿童爬爬垫，只是因为调整不大，申请专利已无必要，所以没有申请，可节省不必要的费用。

由于儿童爬爬垫产品与"地板净化膜"客户群体不同，其知识产权战略也应发生变化，此时客户除关注品质外，更为重要的是图案的设计，因为儿童对图案更为关注。

在图案的设计方面，是自己设计、找个名人设计还是购买广为认知的动画版权，这又是版权战略无法回避的。正如品牌战略遇到问题时一样，站的高度不同，效果自然不同。最后山东丽芳洁还是选择了支付一笔巨额版权费，获得了孩子们喜欢的动画图案使用权，现在看来当时的决策是正确的。

对于儿童爬爬垫的后续产品升级，山东丽芳洁又引入"智慧教育"，寓教于乐实现孩子在"玩中学"。在儿童爬爬垫内植入芯片，将图案与知识结合起来，将动作与知识结合起来，将艺术、音乐等与环境结合起来，实现企业跨界融合。

7）后续

当企业需要扩大产能或者从生产型企业向研发型企业转换时，可以通过开放许可方式对外进行技术许可，不仅向外输出许可专利技术，还向外整体输出知识产权战略，就像流通领域的连锁经营一样，不断复制。我们期待开放许可方式在山东丽芳洁充分得到应用。

8）小结

至此，我们初步完成一个知识产权助力传统产业的转型升级的实践，结果证明是成功的：将一个小微商贸企业转变为引领行业发展的环保型科技企业；将一个知识产权从零起步的企业转变为主动利用知识产权战略的企业；将一个通过销售数量赚取利润的企业转变为通过知识产权附加值赚取利润的企业；将一个无人关注的"小蚂蚁"企业转变为受到"大象"级企业认可并实现深度"握手"的企业；将一个名不见经传的企业变成细分行业的冠军企业；将一个传统到顶的商贸企业跨界到儿童"智慧教育"企业；

在整个跟踪期间，笔者有几点需要说明：

（1）无论是专利代理师还是科技咨询师，当真正与企业融合在一起的时候，难免存在困难和曲折，但只要深入进去，还是能做点儿事情的，哪怕是一点点，请相信自己。

（2）如果我们都这么做，有多少客户在等待我们去服务，就不会有恶意抢单、低价竞争，不会有不以真正创新为目的的非正常专利申请，也不会有给别人干活却得不到应有尊重事情的发生。

（3）如果你是企业老板，面对这样的合作伙伴，就不会以一两千元的代理费打发了，更不会发生低价中标的事情。

环境在改变，市场在成熟，人们也正趋于理性，社会在进步……这不，随着新修改的《专利法》的实行，知识产权的春天已经到来了。

第五节　开放许可运营平台建设实践

早在 2018 年《专利法修订草案（送审稿）》征求意见阶段，济南诚智商标专利事务所有限公司就建设了当然许可交易平台，并进行试运行，由于当时专利交易的三大条件"爆款专利"、无法规避、从严保护并不完善，因此许可交易试运行效果并不理想。在其后的两年内，不知何故，管理人员反映该平台居然三次受到"黑客攻击"，上传的内容一次次被篡改，故而开放许可交易平台 1.0 版并没有有效运行，但关于开放许可的运营实践一直没有停止，直到 2020 年 10 月 17 日第十三届全国人民代表大会常务委员会第二十二次会议通过《关于修改〈中华人民共和国专利法〉的决定》时，开放许可作为一种新的法律制度得以确定下来，如果说开放许可交易平台 1.0 版没有成功运营的话，那也是为新修改的《专利法》颁布后对于开放许可运营实践作出的探索，也为丰富开放许可交易平台的 2.0 版打下了坚实的基础。

一、开放许可交易平台 2.0 版的设计思想

开放许可交易平台 2.0 版是济南诚智商标专利事务所有限公司基于新修改的《专利法》的精神，在原来 1.0 平台的基础上进行大幅度改版升级而来，并于《专利法》第四次修正案生效同一日 2021 年 6 月 1 日上线运行。

平台的名称是：诚智强企开放许可交易平台。

平台的昵称：一拍当当网。

平台的定位是：立足开放许可及其衍生品的交易和服务。

平台的愿景是：成为中国最活跃的开放许可交易民间平台。

平台的使命是：让专利交易更简单。

平台的价值观是：开放、便捷、安全、高效。

虽然国内关于专利交易的平台很多，包括国家级、地方级和众多企业建设的专利交易平台，然而，至今尚未发现以开放许可为主线的专利交易平台，但是现在没有不代表新修改的《专利法》施行后还没有，为便于区别，特将"强企"加在"开放许可交易平台"之前，以突出主体责任。由于平台的名称"强企开放许可交易平台"较长，不便于传播，特给予"昵称"为"一拍当当"，意思是"专利交易、一拍即合、效果当当"。

表6-4给出开放许可交易平台与其他交易平台的主要异同点。

表6-4　开放许可交易平台与其他交易平台的比较

	开放许可交易平台	其他交易平台
依据	新修改的《专利法》+一般法律	一般法律：《民法典》《技术转化法》《专利法》等
交易方式	政府公信力适度介入	政府不介入
	公告《专利权人开放许可声明》，属于要约	没有声明，只有要约邀请
	实施人只要提出书面使用通知并按声明方式足额缴纳使用费，即承诺后合同成立	希望实施人发出要约，专利权人与实施人深度沟通才能达成交易
交易特点	爽快，高效，让交易更简单	双方均放不下，反复揉搓，效率低
	一对多，批量化	一对一反复商量
	标准化交易	交易过程随意
	专利权人"薄利多销"，实施人"众筹优惠"	专利权人抓住一个实施人"猛咬"，形成交易综合征
	单独政策激励，享受专利年费减免	没有单独政策
未来方向	网上全流程交易	只能线下交易
	"民间平台+官方平台+一般平台"三平台联动	只能"一般平台"运作

开放许可交易平台2.0版是我国第一个基于开放许可的交易平台，也是由民间机构建设的第一个开放许可交易平台，鉴于过往很多平台死气沉沉、交易效果差，很多专利信息只是挂在网上进行展示而已，成交者寥寥，"诚智强企开放许可交易平台"定位于开放许可及其衍生品的交易，发展愿景是成为中国最活跃的开放许可交易民间平台；之所以定位为民间平台，是为了有别于"官方平台"，就是国家知识产权局用以公告开放许可声明的平台。民间平台

除了不能享受专利年费的减免，其他与官方平台基本一致。

双平台运作的好处是：可以增加专利交易机会；专利权人既可以获得民间机构的优质经纪服务，又可以享受开放许可的激励政策；特别是帮助交易双方沟通，可以避免专利权人与被许可人的直接碰撞。

开放许可交易平台 2.0 坚持开放、便捷、安全、高效的价值观。开放是指开放许可的主体和客体都是开放的，只有秉持开放的精神，才能汇聚各方资源；只有信息开放透明，才能便于交易当事人决策。便捷就是强调程序简单、简单、再简单，不能拖泥带水，越是简单越值得信任。安全就是交易安全，平台不仅设置专利托管、资金托管，还有对于专利权人、经办人真实身份的甄别，防止无权交易。效率就是强调高效和交易的成效，实现交易双方的满足感。

二、平台模块

开放许可交易平台 2.0 分为以下 6 大模块，如图 6 - 12 所示。

图 6 - 12　开放许可交易平台 2.0 模块设计

"开放许可交易中心"是第一大模块，在该模块中，提供供专利权人使用的专利发布入口，在专利发布页面，不仅要求专利权人按照开放许可的要求提供专利号、使用费标准及支付方式、许可使用期限等，还为专利权人提供了让实施方了解专利更多情况的专利介绍内容。特别是为了防止非专利权人恶意操作，该模块会对专利权人和经办人的身份信息进行查验。此外，作为共享专利模块的组成部分，在专利发布时，还要询问专利权人是否接受共享专利模式（"拼专利"），以满足实施人"拼专利"的需求。该模块还为专利权人开设开放许可交易是自行处理还是委托平台的选项，以体现平台的开放性。

"拼专利"模块是开放许可的重要组成部分,在"开放拼"时,几乎与开放许可的要求完全一致,唯一的差别是部分实施人更愿意抱团取得该专利的开放许可,以获得更多使用费方面的优惠。在"封闭拼"时,因不满足对不特定对象的许可而无法适合法定开放许可。"拼专利"模块的一个重要内容是,当线上发现"拼专利"的线索时,需要线下将愿意"拼专利"的实施方整合起来,并且形成共同的规则,规则最主要的内容是使用费标准及未来产品的差异化。

"拼研发"模块表面上与开放许可无关。事实上,在"拼研发"阶段已经规划出专利成果的归属,以及由该成果衍生出开放许可的可能,因此"拼研发"也是开放许可的衍生品。在"拼研发"模块中,当线上发现"拼研发"的线索时,需要线下将愿意"拼研发"的各实施方整合起来,并且形成共同的规则,主要是明确研发项目技术要求、研发费的分担、知识产权的归属及未来产品的差异化;线下第三方平台根据自身资源匹配研发机构。当研发完成后,该专利根据权利人的意愿可以组织开放许可。"拼研发"方式可以很好地解决中小企业技术研发的瓶颈,解决产学研的衔接问题,是一项非常不错的创新思路。

"需求中心"是为专利交易双方提供一个"需求大超市",任何有需求的人都可以自由发表,在这里,任何人都可能会寻找到商机,可以进行专利转让、专利开放许可,可以组织"拼专利""拼研发",可以寻找专利代理、寻求法律保护。

"高价值专利创造中心"是开放许可交易之外的基础模块,也是开放许可交易平台2.0的重要组成部分。其核心是解决开放许可专利的质量问题,只有高质量的专利才有利于成交。对于一直不能成交的专利,其权利人应当反思:为什么不能成交,是技术问题、市场问题、保护问题、交易模式问题等。只有查明原因,并给予改进,才能摆脱不成交的状况。这就需要高质量专利申请以及专利回炉再造。

为便于检索开放许可专利的信息、"拼专利"的信息、"拼研发"的信息,平台还设计了"搜索模块",可按照技术领域、价格、专利种类、技术成熟度等维度实施搜索,方便需求方的使用。

开放许可交易平台2.0还包括新闻中心和下载中心等"其他"模块。

三、专利再造

专利再造是专利工作的重要组成部分,当专利权人基于专利的目标或目的不能实现时，通过总结分析，查找问题的根源并予以改进的过程。

1. 专利再造主要应用场景

（1）产品畅销，模仿的很多，但没有专利；

（2）专利挂牌时间很长，但无人问津；

（3）空有一张专利证书，没人使用，浪费钱财和精力；

（4）虽有专利，却得不到法律保护，严重影响公司经营战略。

2. 为什么要再造

如果不再造，上面的场景（问题）就将会继续；专利给企业带来的负面作用就会越来越大；企业的核心竞争力就打造不出来。

3. 专利再造的逻辑

专利保护是靠专利文件记载的内容保护，而不管专利权人实际怎样想，产品怎样做。

侵权者也在"进步"，会拼命地"改变"，好的专利文件是让侵权者无路可走。

如果专利权人的产品设计是1只猴子，侵权者可能在此基础上演化为100只猴子，好专利就是防止产生这100只猴子。

如果按专利件数支付报酬，或低价专利、低价竞标，就将来获得的法律保护会大打折扣。

4. 如何得到"爆款专利"

"爆款专利"包括"短期爆款"和"长期爆款"。

"短期爆款"需要选择适合的商业模式。不管产品或服务有多么牛，不管专利有多少、是什么类型，包装推广是必不可少的，必须让别人知道。商业模式可以促进一款产品或者一项技术迅速形成"爆款"。这需要从满足消费者需求出发，管理和运用好各种资源，提供消费者需求强烈的产品或服务。如果包装推广和商业模式缺乏内核，就只能形成短期的爆款，不会太持久。

"长期爆款"必须靠品质和功能。品质包括品牌和质量，打造品质非一朝一夕之功，是长期不断努力的结果，例如宝马汽车、LV包、苹果手机、普洱茶等，它们可以形成爆款，与其是否形成专利关联不大，通过强大的品质虹吸能力实现持久盈利。功能包括核心功能、心理功能和附加功能。功能是靠技术来实现的，无论核心功能、心理功能还是附加功能，都必须经过创新，才能满足消费者日益增长的消费需求，而创新是专利的源泉，可以通过专利去实现创新的垄断优势。

因此，要得到"爆款专利"，一是进行技术创新，通过创新技术的吸引力作用，在消费者心目中形成强烈需求，通过专利去保障这种态势，然后再上升到品质阶段，形成品牌效应。二是靠包装推广和商业模式。一是内部力量，二是外在驱动。

开放许可交易平台2.0为协助发明人打造爆款专利，提出"创新驱动五大体系"，即协助发明人或申请人打造一套科技创新管理系统、一套知识产权管理系统、一套品牌培育管理系统、一套企业风险管控系统和一套梯次发展培育系统，通过"创新驱动五大体系"来整体提升企业核心竞争力。

四、平台的作用

开放许可交易平台在技术交易中起着非常重要的作用，它既是交易双方的经纪人，又承担着专利再造和专利管理工作，如图6－13所示。

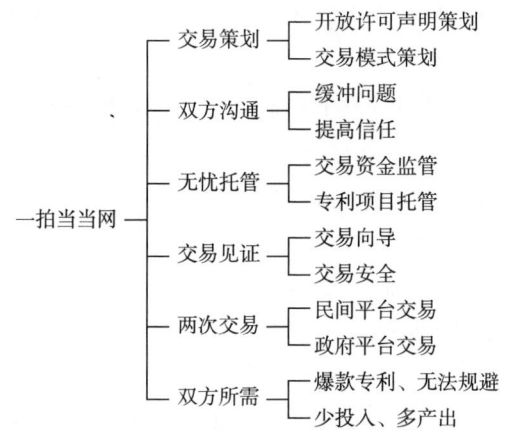

图6－13　开放许可交易平台的作用

1. 交易策划

当专利权人希望通过交易实现专利价值时，需要认真策划：该专利是什么，可以解决什么问题，实施后会产生什么效果，适用对象是谁，是通过权利转让还是实施许可，开放许可声明如何起草，如何确定使用费，如何确定支付方式，如何确定许可使用期限，实施人的意愿如何，实施人对专利的信任程度等，有些问题的专业性非常强，专利权人很难自己做到位，这就需要专业机构的服务。

2. 交易撮合

专利要实现交易，必须使交易双方满意且达成共识。但是，交易的双方在很多方面是对立的，双方直接面对，犹如硬碰硬，没有缓冲余地。过去很多交易就是因为交易双方观点不一致而无法达成共识，甚至发生直接冲突。再者，交易双方不可能短时间内就建立起信任，没有信任也就难以完成交易。没有利益冲突的第三方平台可以起"红娘"的作用、缓冲的作用，而且第三方平台具有很好的信用，进行资金托管安全放心。实践证明，第三方平台具有不可替代性。

3. 无忧托管

专利事务不仅包括专利开放许可，还包括专利申请、专利管理、专利保护、专利实施等方面。这些对于大多数专利权人来说并不熟悉。为此，必须委托专业机构才能更好地完成。开放许可交易平台2.0依托济南诚智商标专利事务所有限公司，其前身济南市专利事务所已经成立近30年，为国家知识产权品牌培育机构，具有强大的业务处理能力和良好的信誉，不仅可以实现专利、商标等知识产权托管；还可以就企业发展过程中所需要的资质证书、项目申报、企业培育、上市并购等进行托管。在开放许可中，可以根据专利权人的授权委托对许可使用费进行监管，如同房产交易一样，一来可以保障交易顺利，二来可以保证资金安全，防止推诿扯皮。

4. 交易见证

虽然开放许可追求专利交易简单化，但是整个交易还是有很多工作需要做的，例如必须保证开放许可交易合法，还必须保证交易双方愉快交易。开放许可交易平台以经纪人的身份，参与全过程，办理相关手续，不断地进行交易撮合，如同司法公证一样见证整个交易环节，对于保持交易的合法、自愿、公平至关重要。

5. 增加交易机会

由于开放许可的特殊性，开放许可需要有严格的程序和要求，如果仅靠国务院知识产权行政部门设置的公告平台这一交易机会，这对希望通过多种方式、多种渠道进行专利转化的专利权人来说显然不够。开放许可交易平台2.0作为民间运营平台，不仅可以为开放许可提供二次交易机会，而且还可以扩展到专利申请、"拼专利""拼研发"等方面，为专利权人、为专利实施、为产学研结合提供更多机会。

6. 交易双方都需要

开放许可交易平台2.0不仅服务于专利权人，也服务于被许可人。当被许可人需要获取专利技术、需要享受优惠政策、需要自己研发高价值专利、需要法律援助时，开放许可交易平台 2.0 均可以提供服务。

五、初步成效

开放许可交易平台 2.0 致力于为专利权人和技术需求者提供合作机会，也助力中小企业摆脱困境和提升中小企业核心竞争力，为中小企业做大做强而不断努力。

近年来，平台服务中小企业近 2 万家，代理各类知识产权近 8 万余件，完成专利技术成果变更转让 1350 余件，开展培训 500 余场，辅导知识产权体系认证、两化融合体系认证、质量管理体系（CMMI）认证、信息技术服务标准（ITSS）认证等各项资质认定 2050 余项，辅导泰山人才、山东省重大专项、专利导航等政策申报 1100 余项，辅导高新技术企业认定、研发费用加计扣除、新增财力奖补等财税筹划 1320 余项，解决企业各类法律问题 850 余项。

近两年，开放许可交易平台 2.0 为中小企业提供整体服务的典型案例如下。

典型案例 1　济南奥图自动化股份公司（上市保驾护航）

（1）服务前：该公司始创于 2000 年，致力于"工业机器人成套装备及生产线"的系统集成，企业发展一直存在竞争对手侵犯专利权、盗取商业秘密和不正当竞争等问题。

（2）服务后：成为冲压自动化行业的著名企业，公司被认定为"高新技术企业""软件企业""山东省企业技术中心""济南市工业机器人工程技术研究中心"，现已拥有 40 多项发明和实用新型专利，多次荣获山东省科技进步奖、优秀软件企业等荣誉称号，现为"专精特新企业""瞪羚企业""山东省隐形冠军企业"。

（3）主要服务方式：通过董事长知识产权顾问模式实现与企业经营决策的深度融合，通过专利技术布局保障企业技术优势，通过体系化管理规避经营风险，通过定制化培训提升认知和能力，通过积极维权保障合法权益。

典型案例 2　济南祥辰科技有限公司（产业升级）

（1）服务前：该公司主要致力于硬件设备的研发、生产和销售；知识产权少；销售收入难以突破。

（2）服务后：成为专业从事农林有害生物监测预警及绿色防控技术研究的高新技术企业；形成以"智能虫情测报灯""脉冲云孢子自动测报系统"以及"病虫害信息物联网云共享平台"相结合的专业化解决方案和数据运营服

务商；通过国家 ISO 9000 质量、ISO 14001 环境、知识产权体系等四大体系认证；拥有专利 50 余项，软件著作权 30 余项；承担省市科技计划 10 余项，被科技部认定为科技型中小企业，是山东大数据骨干企业、中小企业"隐形冠军"企业。

（3）主要服务方式：提供专利导航实现创新引领，通过培训提升认知和能力，通过个性化政策应用促进发展，通过管理咨询提供顶层设计，通过数字化赋能实现平台化发展。

典型案例3　山东矗峰重工机械有限公司（传统产业智慧化升级）

（1）服务前：该公司成立之初主要致力于传统升降平台的研发、生产和销售；属于传统产业，发展出现瓶颈。

（2）服务后：成为从事高空作业平台和机械式停车设备的生产、研发、销售为一体的国家高新技术企业；通过国家 ISO 9000 质量、ISO 14001 环境、知识产权体系等四大体系认证；拥有各类知识产权 85 余项；获批国家高新技术企业、省专精特新企业、市级专精特新企业、瞪羚企业等资质，2020 年销售收入 7542 万元。

（3）主要服务方式：采用完全托管式合作方式，顶层设计企业战略发展规划，围绕企业战略规划和行业发展现状，制定梯次培育服务方案，并提供陪伴式和嵌入式服务，不断注入创新动力，形成良性循环，助力企业不断创新发展，实现传统企业智慧化升级。

典型案例4　山东乐普韦尔自动化技术有限公司（核心竞争力打造）

（1）服务前：该公司是一家致力于智能机器人研发与生产的企业，注重研发，但知识产权工作混乱、无章法，没有形成核心竞争力，产品上存在某些技术难题始终难以攻克，销售收入 100 万元左右。

（2）服务后：与浙江大学山东工业技术研究院成立特种机器人联合实验室，引进海外专家乌克兰工业焊接协会主席 Ihor Skachkov 博士完成技术攻关，产品受到习近平主席的赞扬；申报各类知识产权 100 余项，并进行系统的知识产权布局；承担 2020 年济南市专利导航项目，获批高新技术企业、专精特新企业、瞪羚企业、知识产权管理体系、质量管理体系等多项资质认定，2020年 1 月，风投估值 6300 万元。

（3）主要服务方式：专利导航协助解决疑难、规范企业知识产权管理工作、顶层设计商业模式提升企业价值、协助对接创新资源和融资渠道。

六、平台展望

对开放许可交易模式虽然我们已经实践探索两三个年头，平台也从 1.0 上升到 2.0，有关运营实践经验也在不断丰富，然而作为国内一种新的专利交易方式，对其特点和交易规律了解还不够，还需要继续不断探索。尽管新修改的《专利法》已在 6 月 1 日开始施行，但《专利法实施细则》尚未修改，在新修改的《专利法》体系框架下的开放许可如何有效开展、如何进行监管以及相关激励政策如何实施，这些尚不明确，必然给专利开放许可运营带来不确定性。还有，从事开放许可交易的专业人才还很缺乏，这类人才有其特殊性，非一般交易经纪人员所能胜任。此类人才不仅要了解市场、懂交易，还要懂技术、掌握专利知识和具有一定的专利代理经验，可谓综合性人才，需要长期培养。

尽管如此，平台将继续立足开放许可及其衍生品的交易和服务，坚持开放、便捷、安全、高效的核心价值观，始终坚守让专利交易更简单的使命担当，辅助发明人创造更多的高价值专利，让更多的专利和研发成果得到推广和应用，促进技术进步和社会发展，满足人们对美好生活的向往，更好地服务于强国战略，为中华崛起和民族复兴作出自己更大的贡献。